国家林业和草原局普通高等教育"十三五"规划教材

土壤学实验实习指导书

袁军　主编

中国林業出版社

·北京·

内容简介

本书包括土壤学实验基础知识、土壤学实验、土壤学实习等3个篇章。土壤学实验内容包括基本原理、适用范围、主要仪器与设备、主要试剂、实验步骤、结果计算、讨论分析等内容。

本书适宜于我国南方地区高等院校林学、农学、水土保持与荒漠化防治、园艺、环境科学等专业的学生使用，也可供有关农林业从业者参考使用。

图书在版编目（CIP）数据

土壤学实验实习指导书/袁军主编. —北京：中国林业出版社，2020.10（2023.8重印）
ISBN 978-7-5219-0825-1

Ⅰ.①土… Ⅱ.①袁… Ⅲ.①土壤学-实验-高等学校-教材 Ⅳ.①S15-33

中国版本图书馆CIP数据核字（2020）第188459号

中国林业出版社教育分社

策划编辑： 肖基浒　　**责任编辑：** 洪　蓉　肖基浒
电　　话：（010）83143555　　**传　　真：**（010）83143516

出版发行　中国林业出版社（100009　北京市西城区德内大街刘海胡同7号）
E-mail:jiaocaipublic@163.com　电话：（010）83143500
http://www.forestry.gov.cn/lycb.html
经　　销　新华书店
印　　刷　三河市祥达印刷包装有限公司
版　　次　2020年10月第1版
印　　次　2023年8月第2次印刷
开　　本　850mm×1168mm　1/16
印　　张　8
字　　数　184千字
定　　价　26.00元

《土壤学实验实习指导书》
编写人员

主　　编　袁　军

编写人员　（按姓氏笔画排序）

卢　胜　陆　佳　袁　军

贾剑波　黄丽媛

前　言

土壤学既是种植类专业(林学、农学、园艺等)，也是资源环境相关专业(环境科学、水土保持与荒漠化防治等)重要的专业基础课。土壤学实验实习课是深化掌握土壤学理论，提高土壤学技能的重要环节。该教材内容涵盖了土壤学实验基础知识，土壤物理和化学性质测定分析，以及土壤采样、样品制备、贮藏等内容，为学习专业课程和生产应用打下土壤知识基础。全书内容紧紧围绕土壤学教学与研究、实际生产的需要，适宜于我国南方高等院校相关专业的本、专科学生使用，也可供有关农林业从业者学习参考。

本教材由袁军担任主编。参加编写的人员分工如下：第一篇土壤学实验基础知识由袁军、陆佳编写；第二篇土壤学实验一、二、三和十七由袁军编写；实验四~十、实验十四~十六由黄丽媛编写；实验十一~十三、实验十八~二十由卢胜编写；第三篇土壤学实习由贾剑波、陆佳编写。全书由袁军负责统稿。

感谢中南林业科技大学2018年教材建设项目、中南林业科技大学林学“一流”学科建设项目为本教材的编写和出版提供了条件与经费资助。在编写过程中得到中南林业科技大学林学院、湖南工业大学城市与环境学院的大力支持和帮助，在此表示诚挚的谢意。

土壤学测定分析的方法、手段、技术等日新月异，由于编者学识有限，书中难免存在不妥之处，恳请使用本书的广大读者提出宝贵意见和建议，以便再版时更正。

编　者

2020年8月于长沙

目　录

第一篇　土壤学实验基础知识

第一节　实验室用水

一、实验室用水等级划分

根据《分析实验室用水规格和试验方法》（GB/T 6682—2008）的规定，分析实验室用水的原水应为饮用水或适当纯度的水。并将实验室用水分为 3 个级别：一级水、二级水和三级水。

一级水用于有严格要求的分析实验，包括对颗粒有要求的实验，如高效液相色谱用水。一级水可用二级水经过石英设备蒸馏水或离子交换混合处理后，再使用 0.2 μm 微孔滤膜过滤来制取。

二级水用于无机痕量分析等实验，如原子吸收光谱分析用水。二级水可用多次蒸馏或离子交换等方法制取。

三级水用于一般的化学分析试验。三级水可用蒸馏或离子交换的方法制取。

表 1　水质等级的技术指标

指　　标	一级	二级	三级
pH 值范围(25 ℃)	—	—	5.0~7.5
电导率(25 ℃)，mS · m.$^{-1}$≤	0.01	0.1	0.5
可氧化物质(以 0 计)，mg · L^{-1}<	—	0.08	0.4
吸光度(254nm，25px 光程)≤	0.001	0.01	—
蒸发残渣(105°±2 ℃)，mg · L^{-1}≤	—	1	2
可溶性硅(以 SiO_2 计) mg · L^{-1}<	0.01	0.02	—

二、实验室常见用水的种类

（一）蒸馏水

实验室最常用的一种纯水，虽设备便宜，但极其耗能和费水且速度慢，应用会逐渐减少。蒸馏水能去除自来水内大部分的污染物，但挥发性的杂质无法去除，如二氧化碳、氨、二氧化硅以及一些有机物。新鲜的蒸馏水是无菌的，但储存后易滋生细菌；此外，储存的容器也很讲究，若为非惰性的物质，离子和容器的塑形物质会析出造成二次污染。

（二）去离子水

应用离子交换树脂去除水中的阴离子和阳离子，但水中仍然存在可溶性的有机物，可以污染离子交换柱从而降低其功效，去离子水存放后也容易引起细菌的繁殖。

（三）反渗水

其生成的原理是水分子在压力的作用下，通过反渗透膜成为纯水，水中的杂质被反渗透膜截留排出。反渗水克服了蒸馏水和去离子水的许多缺点，利用反渗透技术可以有效地去除水中的溶解盐、胶体、细菌、病毒、细菌内毒素和大部分有机物等杂质，但不同厂家生产的反渗透膜对反渗水的质量影响很大。

(四)超纯水

其标准是水电阻率为18.2MΩ · cm。但超纯水在TOC、细菌、内毒素等指标方面并不相同，要根据实验的要求来确定，如细胞培养则对细菌和内毒素有要求，而HPLC则要求TOC低。

第二节 常用器皿与使用方法

一、坩埚

坩埚主要用于灼烧固体，使其反应(如分解)。可直接加热至高温。按一般的情况坩埚可分为石墨坩埚、黏土坩埚和金属坩埚三大类。根据性能、用途和使用条件不同，可以分为石墨坩埚、石英坩埚、铁坩埚、镍坩埚、瓷坩埚以及铂金坩埚等。本科实验主要用到的坩埚是镍坩埚。

注意事项：

①取、放坩埚时必须用坩埚钳。

②一般与泥三角、三角架配套使用。

③可直接加热，冷却时放入干燥器中冷却，应避免聚冷(否则会开裂)。

二、烧杯

烧杯是一种常见的实验室玻璃器皿，通常由玻璃、塑料，或者耐热玻璃制成。烧杯外壁一般标有刻度，可以粗略地估计烧杯中液体的体积，但不能直接用来配置准确度要求较高的溶液。常用烧杯的规格有：50 mL、100 mL、250 mL、500 mL、1 L、5 L。

注意事项：

①玻璃烧杯可以加热，在加热时应该在烧杯底部垫上石棉网，不得用火焰直接加热烧杯底部，以防止因受热不均而引起炸裂。

②塑料烧杯不能用明火加热。盛放液体的量，不加热时不超过2/3，加热时不超过1/3，以便搅拌或加热。

③在加热时烧杯最好不要烧干，如需搅拌溶液，可用玻璃棒或者磁力搅拌器来进行搅拌。

三、量筒或量杯

量筒或量杯是用于量取一定量体积液体的试验器皿。向量筒里注入液体时，应用左手拿住量筒，使量筒略倾斜，右手拿试剂瓶，使瓶口紧挨着量筒口，使液体缓缓流入。待注入的量比所需要的量稍少时，把量筒放平，改用胶头滴管滴加到所需要的量。读数时应把量筒放在平整的桌面上，观察刻度时，视线与量筒内液体的凹液面的最低处保持水平，再读出所取液体的体积数。否则，读数会偏高或偏低。不能在量筒内稀释或配制溶液，绝不能对量筒进行加热；不能在量筒内进行化学反应。

四、容量瓶

容量瓶主要用于准确地配制一定浓度的溶液。瓶颈上刻有标线，当瓶内液体在所指定温度下达到标线处时，其体积即为瓶上所注明的容积数。一种规格的容量瓶只能量取一个量。常用的容量瓶容量有 50 mL、100 mL、200 mL、250 mL、500 mL 等多种规格。

注意事项：

①在使用前首先应当检验其密闭性。操作如下：将水加入容量瓶，然后塞紧瓶塞，观察是否漏水，再将瓶塞旋转 180°观察是否漏水。

②不能在容量瓶里进行溶质的溶解，应将溶质在烧杯中溶解后转移到容量瓶里。

③用于洗涤烧杯的溶剂总量不能超过容量瓶的标线，一旦超过，必须重新进行配置。

④容量瓶不能进行加热。读数时应用左手平托瓶底，右手手指握住瓶端，视线与标线平行，再进行读数。

五、移液器

土壤实验中往往需要准确移取一定体积的溶液，这个时候就需要用到移液器，最常见即为移液管(搭配洗耳球使用)，但移液管操作费时费力，后来开发出瓶口分液器、移液枪等移液器，能够快速移取定量的试剂，大大提高操作效率。

移液管分为胖肚移液管和吸量管，是用来准确移取一定体积的溶液的量器。移液管是一种量出式仪器，只用来测量它所放出溶液的体积。在使用中应当注意：①移液管(吸量管)不允许在烘箱中烘干；②移液管(吸量管)不能移取太热或太冷的溶液，同一实验中应尽可能使用同一支移液管；③在使用吸量管时，为了减少测量误差，每次都应从最上面刻度(0 刻度)处为起始点，往下放出所需体积的溶液，而不是需要多少体积就吸取多少体积。常用的移液管有 1 mL、2 mL、5 mL、10 mL、20 mL、50 mL 等规格。

瓶口分液器：又称瓶口移液器或瓶口分配器，是一种可以旋转安放在试剂瓶口，设定取样量后，对液体样品试剂进行重复、精确、定量取样的移液器。瓶口分液器设定取样量后，可以重复多次连续移液，操作简便易行，同时减少了和高浓度酸、碱等液体试剂接触的机会，安全性高。因此，在土壤学实验中常常用于浸提液的分取等操作。

移液枪：是一种用于定量转移液体的器具。进行分析测试时，一般采用移液枪移取少量或微量的液体。由于移液器的准确度、舒适性以及简易方便，目前已经广泛使用。

六、锥形瓶

锥形瓶主要用于化学滴定中的受滴容器，也可加热液体。锥形瓶常见的容量由 50 mL 至 250 mL 不等，但亦有小至 10 mL 或大至 2000 mL 的特制锥形瓶。

注意事项：

①加热时要隔石棉网，外部要擦干后再使用。

②操作使用时应当注意注入的液体最好不超过其容积的 1/2，过多容易造成喷溅。

③振荡时用手指捏住锥形瓶的颈部，用腕力使瓶内液体沿一个方向做圆周运动，不得左右或上下振动，防止瓶内液体溅出。

七、蒸发皿和扩散皿

蒸发皿的主要用途是用来蒸发液体、浓缩液体和干燥固体物质。蒸发皿耐高温，但是不能骤冷，刚刚加热完毕的蒸发皿切不可立刻放到温差较大的地方冷却，以防止炸裂。加热时装入的物质不能超过其容积的2/3。蒸发皿在使用中应当注意：①根据试剂性质的不同选用不同质料的蒸发皿，防止蒸发皿被腐蚀。如强碱溶液的加热应用铁质蒸发皿而不应选用瓷质蒸发皿。②可直接加热，但瓷质蒸发皿不能骤冷(通常放在石棉网上冷却)，以免破裂或烧坏桌面。③盛液量不超过其容量的2/3，以免沸腾时液体溅出。④放、取蒸发皿时要用坩埚钳。

扩散皿是一种研究物质扩散特征的仪器，分为皿体和皿盖两部分，皿体由内室和外室构成，皿有一边上有个缺口，其作用在于向皿体外室添加溶液。扩散皿广泛应用于土壤测定分析、食品检测、药品成分分析以及地质分析等方面的研究。在土壤学实验中主要用于水解性氮的测定等。

八、广口瓶、细口瓶和滴瓶

广口瓶和细口瓶都有透明和棕色两种，广口瓶主要用于盛放固体试剂，细口瓶用于盛放液体试剂。棕色瓶用于盛放需避光保存的试剂。

注意事项：广口瓶、细口瓶都不能用于加热，取用试剂时，瓶塞要倒放在桌子上，用后将塞子塞紧，必要时密封。由于瓶口内侧有磨砂，跟玻璃磨砂配套使用，因而玻璃砂的广口瓶不能盛放强碱性试剂。如果盛放碱性试剂，要改用橡皮塞。滴瓶内不可久置强氧化剂等。

九、玻璃漏斗

玻璃漏斗用于向细口容器中注入液体或用于过滤装置。

注意事项：漏斗要洁净，做过滤实验时漏斗上的滤纸要折叠好，做到“三低两靠”即：滤纸边缘低于漏斗，玻璃棒要紧靠漏斗中壁、漏斗要紧靠烧杯内壁。

十、分液漏斗

分液漏斗主要用于分离互不相溶且密度不同的液体，也可用于向反应容器中滴加液体，可控制液体的用量。其使用步骤：检漏、加液、振摇、静置、分液、洗涤。

在使用中应当注意：漏斗内加入的液体量不能超过容积的3/4，为防止杂质落入漏斗内，应盖上漏斗口上的塞子；放液时，磨口塞上的凹槽与漏斗颈上的小孔要对准，漏斗里的液体才能顺利流出；分液漏斗不能加热；漏斗用后要洗涤干净。

十一、燃烧匙

燃烧少量固体物质。可直接用于加热，遇能与Cu、Fe反应的物质时要在匙内铺细砂或垫石棉绒。

十二、滴定管

滴定管是滴定操作时准确测量放出标准溶液体积的一种量器。根据其构造分酸式滴定管和碱式滴定管两种。酸式滴定管下端有玻璃旋塞，用以控制溶液的流出。碱式滴定管下端连有一段橡皮管，管内有玻璃珠，用以控制液体的流出，橡皮管下端连一尖嘴玻璃管。酸式滴定管只能用来盛装酸性溶液或氧化性溶液，碱式滴定管只能用来盛装碱性溶液或非氧化性溶液，凡能与橡皮起作用的溶液均不能使用碱式滴定管。根据体积滴定管还分为常量滴定管、半微量滴定管和微量滴定管。

注意事项：

①检漏：使用滴定管前应检查其是否漏水，活塞转动是否灵活。若酸式滴定管漏水或活塞转动不灵，就应给活塞重新涂凡士林；若碱式滴定管漏水，则需要更换橡胶管或换个稍大的玻璃珠。

②洗涤：根据滴定管的沾污情况，采用相应的洗涤方法将它洗净，为了使滴定管中溶液的浓度与原来相同，最后还应该用滴定用的溶液润洗三次(每次溶液用量约为滴定管容积的1/5)，润洗液由滴定管下端排出。

③装液：将溶液加入滴定管时，要注意使下端出口管也充满溶液，特别是碱式滴定管，它下端的橡胶管内的气泡不易被察觉，这样，就会造成读数误差，如果是酸式滴定管，可迅速地旋转活塞，让溶液急骤流出以带走气泡；如果是碱式滴定管，向上弯曲橡胶管，使玻璃尖嘴斜向上方，向一边挤动玻璃珠，使溶液从尖嘴喷出，气泡便随之除去。排除气泡后，继续加入溶液到刻度“0”以上，放出多余的溶液，调整液面在“0.00”刻度处。

④读数：常用滴定管的容量为50 mL，它的刻度分为50大格，每一大格又分为10小格，所以每一大格为1 mL，每一小格为0.1 mL。读数应读至小数点后两位。

滴定时，最好每次都从0.00 mL开始，这样读数方便，且可以消除由于滴定管上下粗细不均匀而带来的误差。

⑤滴定：使用酸式滴定管时，必须用左手的拇指、食指及中指控制活塞，旋转活塞的同时稍稍向左扣住，这样可避免把活塞顶松而漏液；使用碱式滴定管时，应该用左手的拇指及食指在玻璃珠所在部位稍偏上处，轻轻地往一边挤压橡胶管，使橡胶管与玻璃珠之间形成一条缝隙，溶液即可流出，要能掌握手指用力的轻重来控制缝隙的大小，从而控制溶液的流出速度。

十三、滤纸

滤纸是一种具有良好过滤性能的纸，纸质疏松，对液体有强烈的吸收性能。实验室常用滤纸作为过滤介质，使溶液与固体分离。主要有定量分析滤纸、定性分析滤纸和层析定性分析滤纸3类。

1. 定量滤纸

定量分析滤纸在制造过程中，纸浆经过盐酸和氢氟酸处理，并经过蒸馏水洗涤，将纸纤维中大部分杂质除去，所以灼烧后残留灰分很少，对分析结果几乎不产生影响，适于作精密定量分析。

2. 定性滤纸

定性分析滤纸一般残留灰分较多，仅供一般的定性分析和用于过滤沉淀或溶液中悬浮物用，不能用于质量分析。

3. 层析定性滤纸

层析定性分析滤纸主要是在纸色谱分析法中用作担体，进行待测物的定性分离。

每种滤纸又可分为快速、中速和慢速 3 种。

第三节　主要仪器及原理

一、消化炉

植物和土壤样本在测试之前，必须进行消化。消化是在样品中加入 H_2O_2 等氧化剂并加热消煮，使样品中物质分解氧化转化为无机状态存在于消化液中。消化炉的主要作用就是消解土壤和植物样本，化学分析之前对土壤、植株、种子、饲料、食品、矿石等样品消煮处理，然后才能用于测试分析，可与定氮仪配套使用。在土壤学实验中有时可以用电热板代替。

二、马弗炉

马弗炉是英文 Muffle furnace 翻译过来的。马弗炉在中国又称为高温电炉、箱式电炉，其实是一种通用的加热设备。马弗炉温度较高，最高温度可以达 950~1200℃，特殊用途的马弗炉可达 2100℃，用于不需要控制气体，只需加热坩埚里的物料的情况。土壤实验中在测定全磷等指标中需要用马弗炉进行氢氧化钠熔融等前处理。

三、微波消解仪

微波消解是利用微波的穿透性和激活反应能力加热密闭容器内的试剂和样品，可使制样容器内压力增加，反应温度提高，从而大大提高了反应速率，缩短样品制备的时间。可用于原子吸收、等离子光谱、等离子光谱与质谱联机、气相色谱及其他仪器的样品制备。在土壤重金属分析前处理中经常使用。

四、紫外—可见光光度计

紫外—可见分光光度计是基于紫外可见分光光度法原理，利用物质分子对紫外可见光谱区的辐射吸收来进行分析的一种分析仪器。主要由光源、单色器、吸收池、检测器和信号处理器等部件组成。常见的紫外—可见分光光度计的波长范围为 190~1100 nm。通常所指的可见光谱范围为 400~700 nm，是指能被人眼感知到的光谱范围，200~400 nm 为紫外光谱范围。一般，在可见区测试的样品必须是有色物质。在土壤学实验中主要用于分析硝态氮含量、有效磷含量等指标测定。

五、火焰光度计

火焰光度计，是指以发射光谱法为基本原理的一种分析仪器，以火焰作为激发光源，并应用光电检测系统来测量被激发元素由激发态回到基态时发射的辐射强度，根据其特征光谱及光波强度判断元素类别及其含量。它包括气体和火焰燃烧部分、光学部分、光电转换器及检测记录部分。在土壤学实验中主要用于测定钾含量、钙含量和钠含量等。

六、原子吸收分光光度计

原子吸收分光光度计是根据物质基态原子蒸汽对特征辐射吸收的作用来进行金属元素分析。元素在热解石墨炉中被加热原子化，成为基态原子蒸汽，对空心阴极灯发射的特征辐射进行选择性吸收。利用待测元素的共振辐射，通过其原子蒸汽，测定其吸光度。其基本结构包括光源、原子化器、光学系统和检测系统。它主要用于痕量元素的分析，具有灵敏度高、选择性好等优点。在土壤学实验中主要用于钙等元素含量分析，在实验中往往配合石墨炉等使用，检测线一般为百分之一级，有的元素也可以分析到十亿分之一级。仪器使用中需用乙炔、氢气、氩气等气体，测定每种元素均需要相应的空心阴极灯。

七、其他常见仪器设备

(一)天平

天平是定量分析操作中最主要最常用的仪器，常规的分析操作都要使用天平，天平的称量误差直接影响分析结果。因此，必须学会正确的称量方法，主要方法有以下几种：

1. 直接称量法

用于称量一物体的质量、洁净干燥的不易潮解或升华的固体试样的质量。如称量某小烧杯的质量：关好天平门，清零。打开天平左门，将小烧杯放入托盘中央，关闭天平门，待稳定后读数。记录后打开左门，取出烧杯，关好天平门。

2. 固定质量称量法

又称增量法，用于称量某一固定质量的试剂或试样。这种称量操作的速度很慢，适用于称量不易吸潮，在空气中能稳定存在的粉末或小颗粒(最小颗粒应小于 0.1 mg)样品，以便精确调节其质量。

本操作可以在天平中进行，用左手手指轻击右手腕部，将牛角匙中样品慢慢震落于容器内，当达到所需质量时停止加样，关上天平门，显示平衡后即可记录所称取试样的质量。记录后打开左门，取出容器，关好天平门。固定质量称量法要求称量精度在 0.1 mg 以内。如称取 0.500 0 g 石英砂，则允许质量的范围是 0.499 9 ~0.500 1 g。超出这个范围的样品均不合格。若加入量超出，则需重称试样，已用试样必须弃去，不能放回到试剂瓶中。操作中不能将试剂撒落到容器以外的地方。称好的试剂必须定量地转入接收器中，不能有遗漏。

3. 递减称量法

又称减量法，用于称量一定范围内的样品和试剂。主要针对易挥发、易吸水、易氧化和易与二氧化碳反应的物质。用滤纸条从干燥器中取出称量瓶，用纸片夹住瓶盖柄打开瓶盖，用牛角匙加入适量试样(多于所需总量，但不超过称量瓶容积的 2/3)，盖上瓶盖，置入天平中，显示稳定后，清零。用滤纸条取出称量瓶，在接收器的上方倾斜瓶身，用瓶盖轻击瓶口使试样缓缓落入接收器中。当估计试样接近所需量时，继续用瓶盖轻击瓶口，同时将瓶身缓缓竖直，用瓶盖敲击瓶口上部，使黏于瓶口的试样落入瓶中，盖好瓶盖。将称量瓶放入天平，显示的质量减少量即为试样质量。若敲出质量多于所需质量时，则需重称，已取出试样不能收回，须弃去。

称量结束后，关闭天平，将天平还原。在天平的使用记录本上记下称量操作的时间和天平状态，并签名。整理好台面之后方可离开。

在使用天平时应注意：

①在开关门，放取称量物时，动作必须轻缓，切不可用力过猛或过快，以免造成天平损坏。

②对于过热或过冷的称量物，应使其回到室温后方可称量。

③称量物的总质量不能超过天平的称量范围。在固定质量称量时要特别注意。

④所有称量物都必须置于一定的洁净干燥容器(如烧杯、表面皿、称量瓶等)中进行称量，以免沾染腐蚀天平。

⑤为避免手上的油脂汗液污染，不能用手直接拿取容器。称取易挥发或易与空气作用的物质时，必须使用称量瓶以确保在称量的过程中物质质量不发生变化。

(二)磁力搅拌器

磁力搅拌器是用于液体混合的实验室仪器，主要用于搅拌或同时加热搅拌低黏稠度的液体或固液混合物。其基本原理是利用磁场的同性相斥、异性相吸的原理，使用磁场推动放置在容器中带磁性的搅拌子进行圆周运转，从而达到搅拌液体的目的。配合加热温度控制系统，磁力搅拌器可以根据具体的实验要求加热并控制样本温度，维持实验条件所需的温度条件，保证液体混合达到实验需求。

(三)恒温摇床

恒温摇床是一种温度可控的培养箱和振荡器相结合的仪器，主要由一组驱动机构和一个控制系统组成，具有加热和制冷双向调温系统，分周转式摇床和往复式摇床。土壤学中常用于有效磷提取等样品准备。

第四节　土壤实验室注意事项

在土壤实验室里，安全是非常重要的，它常常潜藏着诸如发生高温、着火、中毒、灼伤、割伤、触电等事故的危险性，如何防止这些事故的发生以及万一发生又如何急救，也是需要注意的问题。

一、安全用电常识

违章用电常常可能造成人身伤亡、火灾、损坏仪器设备等严重事故。土壤学实验室使用电器较多，粉碎机等还需要用到 380V 的动力电，因此要特别注意用电安全。为了保障人身安全，一定要遵守实验室安全规则。

(一)防止触电

①不用潮湿的手接触电器。

②电源裸露部分应有绝缘装置(例如电线接头处应裹上绝缘胶布)。

③所有电器的金属外壳都应保护接地。

④实验时，应先连接好电路后才接通电源。实验结束时，先切断电源再拆线路。

⑤修理或安装电器时，应先切断电源。

⑥不能用试电笔去试高压电。使用高压电源应有专门的防护措施。

⑦如有人触电，应迅速切断电源，然后进行抢救。

(二)防止引起火灾

①使用的保险丝要与实验室允许的用电量相符。

②电线的安全通电量应大于用电功率。

③室内若有氢气、煤气等易燃易爆气体，应避免产生电火花。继电器工作和开关电闸时，易产生电火花，要特别小心。电器接触点(如电插头)接触不良时，应及时修理或更换。

④如遇电线起火，立即切断电源，用沙或二氧化碳、四氯化碳灭火器灭火，禁止用水或泡沫灭火器等导电液体灭火。

(三)防止短路

①线路中各接点应牢固，电路元件两端接头不要互相接触，以防短路。

②电线、电器不要被水淋湿或浸在导电液体中，例如，实验室加热用的灯泡接口不要浸在水中。

(四)电器仪表的安全使用

①在使用前，先了解电器仪表要求使用的电源是交流电还是直流电；是三相电还是单相电以及电压的大小(380V、220V、110V 或 6V)。须弄清电器功率是否符合要求及直流电器仪表的正、负极。

②仪表量程应大于待测量。若待测量大小不明时，应从最大量程开始测量。

③实验之前要检查线路连接是否正确。经教师检查同意后方可接通电源。

④在电器仪表使用过程中，如发现有不正常声响，局部温升或嗅到绝缘漆过热产生的焦味，应立即切断电源，并报告教师进行检查。

二、使用化学药品的安全防护

(一)防毒

①实验前，应了解所用药品的毒性及防护措施。

②操作有毒气体(如 H_2S、Cl_2、Br_2、NO_2、浓 HCl 和 HF 等)应在通风橱内进行。

③苯、四氯化碳、乙醚、硝基苯等的蒸气会引起中毒。它们虽有特殊气味，但久嗅会使人嗅觉减弱，所以应在通风良好的情况下使用。

④有些药品(如苯、有机溶剂、汞等)能透过皮肤进入人体，应避免与皮肤接触。

⑤氰化物、高汞盐[$HgCl_2$、$Hg(NO_3)_2$ 等]、可溶性钡盐($BaCl_2$)、重金属盐(如镉盐、

铅盐)、三氧化二砷等剧毒药品，应妥善保管，使用时要特别小心。

⑥禁止在实验室内喝水、吃东西。饮食用具不要带进实验室，以防毒物污染，离开实验室及饭前要洗净双手

(二)防爆

可燃气体与空气混合，当两者比例达到爆炸极限时，受到热源(如电火花)的诱发，就会引起爆炸。

①使用可燃性气体时，要防止气体逸出，室内通风要良好。

②操作大量可燃性气体时，严禁同时使用明火，还要防止发生电火花及其他撞击火花。

③有些药品如高氯酸盐、过氧化物等受震和受热都易引起爆炸，使用要特别小心。

④严禁将强氧化剂和强还原剂放在一起。

⑤久藏的乙醚使用前应除去其中可能产生的过氧化物。

⑥进行容易引起爆炸的实验，应有防爆措施。

(三)防火

①许多有机溶剂如乙醚、丙酮、乙醇、苯等非常容易燃烧，大量使用时室内不能有明火、电火花或静电放电。实验室内不可存放过多这类药品，用后还要及时回收处理，不可倒入下水道，以免聚集引起火灾。

②有些物质如磷、金属钠、钾、电石及金属氢化物等，在空气中易氧化自燃。还有一些金属如铁、锌、铝等粉末，比表面大也易在空气中氧化自燃。这些物质要隔绝空气保存，使用时要特别小心。实验室如果着火不要惊慌，应根据情况进行灭火，常用的灭火剂有：水、沙、二氧化碳灭火器、四氯化碳灭火器、泡沫灭火器和干粉灭火器等。可根据起火的原因选择使用，以下几种情况不能用水灭火：

(a)金属钠、钾、镁、铝粉、电石、过氧化钠着火，应用干沙灭火。

(b)比水轻的易燃液体，如汽油、苯、丙酮等着火，可用泡沫灭火器。

(c)有灼烧的金属或熔融物的地方着火时，应用干沙或干粉灭火器。

(d)电气设备或带电系统着火，可用二氧化碳灭火器或四氯化碳灭火器。

(四)防灼伤

强酸、强碱、强氧化剂、溴、磷、钠、钾、苯酚、冰醋酸等都会腐蚀皮肤，特别要防止溅入眼内。液氧、液氮等低温也会严重灼伤皮肤，使用时要小心。万一灼伤应及时治疗。

三、汞的安全使用

汞中毒分急性和慢性两种。急性中毒多为高汞盐(如 $HgCl_2$ 入口所致，0.1~0.3 g 即可致死)。吸入汞蒸气会引起慢性中毒，症状有：食欲不振、恶心、便秘、贫血、骨骼和关节疼、精神衰弱等。汞蒸气的最大安全浓度为 0.1 $mg \cdot m^{-3}$，而 20℃时汞的饱和蒸汽压为 0.0012 mm Hg，超过安全浓度 100 倍。所以使用汞必须严格遵守安全用汞操作规定，具体如下。

①不要让汞直接暴露于空气中，盛汞的容器应在汞面上加盖一层水。

②装汞的仪器下面一律放置浅瓷盘，防止汞滴散落到桌面上和地面上。

③一切转移汞的操作，也应在浅瓷盘内进行(盘内装水)。

④实验前要检查装汞的仪器是否放置稳固。橡皮管或塑料管连接处要缚牢。

⑤储汞的容器要用厚壁玻璃器皿或瓷器。用烧杯暂时盛汞，不可多装以防破裂。

⑥若有汞掉落在桌上或地面上，先用吸汞管尽可能将汞珠收集起来，然后用硫黄盖在汞溅落的地方，并摩擦使之生成 HgS。也可用 $KMnO_4$ 溶液使其氧化。

⑦擦过汞或汞齐的滤纸或布必须放在有水的瓷缸内。

⑧盛汞器皿和有汞的仪器应远离热源，严禁把有汞仪器放进烘箱。

⑨使用汞的实验室应有良好的通风设备，纯化汞应有专用的实验室。

⑩手上若有伤口，切勿接触汞。

四、高压钢瓶的使用及注意事项

(一)气体钢瓶的颜色标记

气体钢瓶是一种承压设备，具有爆炸危险，且其承装介质一般具有易燃、易爆、有毒、强腐蚀等性质，因此往往在钢瓶外表用不同颜色油漆、字样正确标识气体种类，以免误用造成事故。常用颜色标记为：氧气瓶外表面涂成天蓝色，字样颜色为黑色；氢气瓶涂成深绿色，字样为红色；乙炔气瓶和硫化氢气瓶为白色，字样为红色等。

(二)气体钢瓶的使用

①在钢瓶上装上配套的减压阀。检查减压阀是否关紧，方法是逆时针旋转调压手柄至螺杆松动为止。

②打开钢瓶总阀门，此时高压表显示出瓶内贮气总压力。

③慢慢地顺时针转动调压手柄，至低压表显示出实验所需压力为止。

④停止使用时，先关闭总阀门，待减压阀中余气逸尽后，再关闭减压阀。

(三)注意事项

①钢瓶应存放在阴凉、干燥、远离热源的地方。可燃性气瓶应与氧气瓶分开存放。

②搬运钢瓶要小心轻放，钢瓶帽要旋上。

③使用时应装减压阀和压力表。可燃性气瓶(如 H_2、C_2H_2)气门螺丝为反丝；不燃性或助燃性气瓶(如 N_2、O_2)为正丝。各种压力表一般不可混用。

④不要让油或易燃有机物沾染气瓶上(特别是气瓶出口和压力表上)。

⑤开启总阀门时，不要将头或身体正对总阀门，防止万一阀门或压力表冲出伤人。

⑥不可把气瓶内气体用光，以防重新充气时发生危险。

⑦使用中的气瓶每三年应检查一次，装腐蚀性气体的钢瓶每两年检查一次，不合格的气瓶不可继续使用。

⑧氢气瓶应放在远离实验室的专用小屋内，用紫铜管引入实验室，并安装防止回火的装置。

第二篇　土壤学实验

实验一　主要造岩矿物的观察鉴定

一、基本原理

矿物是岩石圈中化学元素的原子或离子通过各种地质作用形成的，并在一定条件下相对稳定的自然产物。土壤是由母质发育而成，母质是岩石风化的产物，岩石是矿物的集合体，而矿物本身又有它的化学组成和物理性质。因此，学习土壤学，必须先认识常见的造岩矿物，以了解土壤母质。

二、适用范围

常见的造岩矿物。

三、主要设备

矿物标本、放大镜、条痕板、小刀、硬度计、小锤。

四、主要试剂

稀盐酸。

五、实验步骤

造岩矿物进行肉眼观察鉴定，主要从以下几个方面开展：

(一)形态

矿物形态除表面为一定几何外形的单独体外，还常常聚集成各种形状的集合体，常见的有下列形态。

柱状——由许多细长晶体，组成平行排列者，如角闪石。

板状——形状似板，如透明石膏、斜长石。

片状——可以剥离成极薄的片体，如云母。

粒状——大小略等及具有一定规律的晶粒集合在一起，如橄榄石、黄铁矿。

块状——结晶或不结晶的矿物，成不定型的块体，如结晶的块状石英，非结晶的蛋白石。

土状——细小均匀的粉末状集合体，如高岭石。

纤维状——晶体细小，纤细平行排列，如石棉。

鲕[ér]状——似鱼卵状的圆形小颗粒集合体，如赤铁矿。

豆状——集合体呈圆形或椭圆形大小似豆者，如赤铁矿。

(二)颜色

矿物首先引人注意的是它的颜色，矿物的颜色是其重要的特征之一。一般地说，颜色是光的反射现象。如孔雀石为绿色，是因孔雀石吸收绿色以外的色光而独将绿色反射所致。矿物的颜色，根据其发生的物质基础不同，可以有自色、他色和假色。

自色——矿物本身所含的化学成分中，具有的色素表现出来的颜色，如石英的白色。

他色——矿物因为含有外来的带色素的杂质而产生的颜色，如无色透明的石英(水晶)因锰的混入而被染成紫色，即是他色。

假色——矿物内部裂缝、解理面及表面由于氧化膜的干涉效应而产生的颜色。

(三)条痕

矿物粉末的颜色。将矿物在无釉瓷板上擦划(必须注意矿物硬度小于瓷板)，所留在瓷板上的颜色即为条痕。条痕对有色矿物有鉴定意义。

(四)光泽

矿物表面对入射光线的反射能力称光泽。按其表现可分为：

金属光泽——如黄铁矿

半金屑光泽——如赤铁矿

非金屑光泽——玻璃光泽：如石英晶面

油脂光泽：如石英断口面

丝绢光泽：如石棉

珍珠光泽：如白云母

土状光泽：如高岭石

(五)硬度

矿物抵抗摩擦或刻画的能力。决定硬度时，常常用两个矿物相对刻画的方法即得出其相对硬度。表示硬度的大小，以摩氏硬度计的十种矿物作标准，从滑石到金刚石依次定为十个等级，其排列次序见表 2-1：

表 2-1　矿物硬度等级

代表矿物	滑石	石膏	方解石	萤石	磷灰石	正长石	石英	黄玉	刚玉	金刚石
硬度等级	1	2	3	4	5	6	7	8	9	10

在野外可用指甲(硬度 2~2.5)、回形针(3)、玻璃(5)、小刀(5~5.5)、钢锉(6~7)代替标准硬度计。

(六)解理

矿物受击后沿一定方向裂开成光滑平面的性质称为解理，矿物破裂时呈现有规则的平面称为解理面，按其裂开的难易、解理面之厚薄、大小及平整光滑程度，一般可有下列等级。

极完全解理——解理面极平滑，可以裂开成薄片状，如云母。

完全解理——解理面平滑不易发生断口，往往可沿解理面裂开成小块，其外形仍与原来的晶形相似，如方解石的菱面体小块。

中等解理——在矿物碎块上，既可看到解理面，又可看到断口，如长石、角闪石。

不完全解理——在矿物的碎块上，很难看到明显的解理面，大部分为断口，如灰磷石。

无解理——矿物碎块中除晶面外，找不到其他光滑的面，如石英。

必须指出，在同一矿物上可以有不同方向和不同程度的几向解理出现。例如，云母具有一向极完全解理；长石、辉石具有二向完全解理；方解石具有三向完全解理等。

(七) 断口

矿物受击后，产生不规则的破裂面，称为断口。在解理不发达以及非结晶矿物受击后，容易发生断口。其形状有：贝壳状(如石英的断口)、参差状(如自然铜)、平坦状(如磁铁矿)等。

同一矿物，解理与断口的性质表现出互为消长的关系，如极完全解理的云母，则不易见到断口。

(八) 盐酸反应

含有碳酸盐的矿物，加盐酸会放出气泡，其反应式：

$$CaCO_3+2HCl \longrightarrow CaCl_2+CO_2\uparrow+H_2O$$

根据与10%的盐酸发生反应时放出气泡的多少，可分四级：

低——徐徐地放出细小气泡　　　　中——明显起泡

高——强烈起泡　　　　极高——剧烈起泡，呈沸腾状

各种矿物的性质和风化特点见表2-2。

表 2-2　各种矿物的性质和风化特点

名称＼特征	形　状	颜　色	条痕	光泽	硬度	解理	断口	10%HCl反应	其　他	风化特点与分解产物
石　英	六方柱、锥或块状	无、白		玻璃油脂	7	无	贝壳状		晶面上有条纹	不易风化、难分解，是土壤中砂粒的主要来源
正长石	板状、柱状	肉红为主		玻璃	6	二向完全				风化后产生黏粒、二氧化硅和盐基物质，正长石含钾较多，是土壤中钾素来源之一。
斜长石	板状	灰白为主			6~6.5				解理面上可见双晶条纹	
白云母	片状、板状	无	白	玻璃珍珠	2~3	一向极完全			有弹性	白云母抗风化分解能力较黑云母强，风化后均能形成黏粒。并释放大量钾素，是土壤中钾素和黏粒来源之一
黑云母		黑褐	浅绿							
角闪石	长柱状	暗绿、灰黑		玻璃	5.5~6	二向完全	参差状			容易风化分解产生含水氧化铁，含水氧化硅及黏粒。并释放大量钙、镁等元素
辉　石	短柱状	深绿、褐黑			5~6					
橄榄石	粒状	橄榄绿		玻璃油脂	6.5~7	不完全	贝壳状			易风化形成褐铁矿，二氧化硅以及蛇纹石等次生矿物
方解石	菱面体或块体	白、灰黄等		玻璃	3	三向完全		强		易受碳酸作用溶解移动，但白云石稍比方解石稳定，风化后释放出钙、镁元素，是土壤中碳酸盐和钙、镁的重要来源
白云石					3.5~4			弱		

特征 名称	形　状	颜　色	条痕	光 泽	硬 度	解 理	断 口	10%HCl 反应	其　他	风化特点与 分解产物
磷灰石	六方柱或块状	绿、黑、黄灰、褐		玻璃 油脂	5	不完全	参差状 贝壳状			风化后是土壤中磷素营养的主要来源
石膏	板状、针状、柱状	无、白		玻璃、珍珠、绢丝	2	完全				溶解后为土壤中硫的主要来源
赤铁矿	块状、鲕状、豆状	暗红至铁黑	樱红	半金属、土状	5.5~6	无				易氧化，分布很广，特别在热带土壤中最为常见
褐铁矿	块状、土状、结核状	黑、褐、黄	棕黄	土状	4~5					其分布与赤铁矿同
磁铁矿	八面体、粒状、块状	铁黑	黑	金属	5.5~6	无			磁性	难风化，但也可氧化成赤铁矿和褐铁矿
黄铁矿	立方体、块状	铜黄	绿黑	金属	6~6.5	无			晶面有条纹	分解形成硫酸盐，为土壤中硫的主要来源
高岭石	土块状	白、灰、浅黄	白、黄	土状		无			有油腻感	由长石、云母风化形成的次生矿物，颗粒细小是土壤黏粒矿物之一。

六、结果计算

对照表 2-2 进行主要成土矿物鉴定。

七、注意事项

无。

八、思考题

1. 正长石和斜长石性质差异。
2. 鉴定几种岩石，并撰写实验报告（表 2-3）。

表 2-3　实验报告　主要造岩矿物的认识与鉴定

姓名：　　　　　专业：　　　　　班级：　　　　　日期：

标本号码	矿物名称	形态	物理性质					其他性质
			颜色	光泽	硬度	解理	断口	

实验二　主要成土岩石的观察鉴定

一、基本原理

组成地壳的岩石，按其成因不同分为三大类，即：由岩浆冷凝而成的称岩浆岩；由各种沉积物经硬结成岩而成的称沉积岩；由原生岩经高温、高压以及化学性质活泼的物质作用后发生了变质的岩石称变质岩。三者由于成因不同，以致在各自的组成、结构和构造中都有较大的差异。肉眼鉴定岩石的方法，主要对岩石的颜色、矿物组成、结构、构造等方面进行观察后，才能区别出所属岩类和确定岩石名称。

二、适用范围

常见的成土岩石。

三、主要设备

岩石标本、放大镜、条痕板、小刀、硬度计、小锤。

四、主要试剂

稀盐酸。

五、实验步骤

成土岩石进行肉眼观察鉴定，主要从以下几个方面开展：

(一)颜色

岩石的颜色决定于矿物的颜色，观察岩石的颜色，有助于了解岩石的矿物组成。如岩石深灰及黑色是含有深色矿物所致。

(二)矿物组成

岩浆岩的主要矿物有石英、长石、云母、角闪石、辉石、橄榄石。沉积岩主要矿物除石英、长石等外，还含有方解石、白云石、黏土矿物、有机质等。变质岩的矿物组成除石英、长石、云母、角闪石、辉石外，常含变质矿物如石榴石、滑石、蛇纹石、绿泥石、绢云母等。

(三)结构

1. 岩浆岩结构

指岩石中矿物的结晶程度、颗粒大小、形状以及相互组合的关系。其主要结构有：全晶等粒、隐晶质、斑状、玻璃质(非结晶质)。

全晶等粒结构——岩石中矿物晶粒在肉眼或放大镜下可见，且晶粒大小一致。如花岗岩。

隐晶质结构——岩石中矿物全为结晶质，但晶粒很小，肉眼或放大镜看不出晶粒。

斑状结构——岩石中矿物颗粒大小不等，有粗大的晶粒和细小的晶粒或隐晶质甚至玻璃质(非晶质)者称斑状结构。大晶粒为斑晶，其余的称石基，如花岗斑岩。

2. 沉积岩结构

指岩石的颗粒大小、形状及结晶程度所形成的特征叫结构。一般沉积岩结构有：碎屑结构(砾、砂、粉砂)、泥质结构、化学结构、生物结构等。

(1)碎屑结构

碎屑物经胶结而成。胶结物的成分有钙质、铁质、硅质、泥质等。按碎屑大小来划分有：

砾状结构——大于 2 mm 以上的碎屑被胶结而成的岩石，如砾岩。

砂粒结构——碎屑颗粒直径为 2~0.1 mm 的，如砂岩。

粉砂结构——碎屑颗粒直径为 0.1~0.01 mm 的，如粉砂岩。

(2)泥质结构

颗粒很细小，由直径小于 0.01 mm 的泥质组成，彼此紧密结合，成致密状，如页岩、泥岩。

(3)化学结构

由化学原因形成，有晶粒状、隐晶状、胶体状(如鲕状、豆状)，为化学岩所特有，如粒状石灰岩。

(4)生物结构

由生物遗体或生物碎片组成如生物灰岩。

3. 变质岩结构

变质岩多半具有结晶质，其结构含义与岩浆岩相似，有等粒状、致密状或斑状等。在结构命名上，为了区别起见，特加上“变晶”二字，如等粒变晶、斑状变晶、隐晶变晶。

(四)构造

1. 岩浆岩构造

指矿物颗粒之间排列方式及填充方式所表现出的整体外貌。一般有块状、流纹状、气孔状、杏仁状等构造。

块状构造 ——岩石中矿物的排列完全没有秩序。为侵入岩的特点，如花岗岩、闪长岩、辉长岩均为块状。

流纹状构造 ——岩石中可以看到岩浆冷凝时遗留下来的纹路，为喷出岩的特征，如流纹岩。

气孔状构造 ——岩石中具有大小不一的气孔，为喷出岩特征，如气孔构造的玄武岩。

杏仁状构造 ——喷出岩中的气孔内，为次生矿物所填充，其形状如杏仁，常见的填充物如蛋白石、方解石等。

2. 沉积岩构造

指岩石中各物质成分之间的分布状态与排列关系，所表现出来的外貌。沉积岩的最大特征是具层理构造，即岩石表现出成层的性质。层理的面上常常保留有波浪、雨痕、泥裂、化石等地质现象，把它称为层面构造。

3. 变质岩构造

变质岩的构造受温度、压力两个变质因素影响较大，主要构造是片理构造，它是由片状或柱状矿物有一定方向排列而成，由于变质程度的深浅，矿物结晶颗粒大小及排列的情况不同，主要有下列几种构造：

板状构造——变质较浅，变晶不全，劈开成薄板，片理较厚，如板岩。

千枚状构造——能劈开成薄板，片理面光泽很强，变晶不大，在断面上可以看出是由许多极薄的层所构成，故称千枚，如千枚岩。

片状构造——能劈开成薄片，片理面光泽强烈，矿物晶粒粗大，为显晶变晶。

片麻状构造——片状、柱状、粒状矿物呈平行排列，显现深浅相间的条带状，如片麻岩。

块状构造或层状构造——矿物重结晶后成粒状或隐晶质，一般情况在肉眼下很难看出它的片理构造，而成块状或保持原来层状构造，如大理岩、石英岩。

六、结果计算

无。

七、注意事项

无。

八、思考题

1. 分析变质岩的成因及特点。
2. 鉴定几种岩石，并撰写实验报告表 2-4~表 2-6。

表 2-4　实验报告(一)　常见岩浆岩的认识和鉴定

姓名：　　　　班级：　　　　日期：

标本号码	岩石名称	颜色	结构与构造		矿物成分	
			结构	构造	深色矿物	浅色矿物

表 2-5　实验报告(二)　常见沉积岩的认识与鉴定

姓名：　　　　班级：　　　　日期：

标本号码	岩石名称	颜色	结构与构造		矿物成分	
			结构	构造	深色矿物	浅色矿物

表 2-6 实验报告(三) 常见变质岩的认识与鉴定

姓名: 班级: 日期:

标本号码	岩石名称	颜色	结构与构造		矿物成分	
			结构	构造	深色矿物	浅色矿物

实验三 土壤含水量的测定

测定土壤水分是为了了解土壤水分状况，以作为土壤水分管理，如确定灌溉定额的依据。在分析工作中，由于分析结果一般是以烘干土为基础表示的，也需要测定湿土或风干土的水分含量，以便进行分析结果的换算。土壤水分的测定方法很多，实验室一般采用酒精烘烤法、酒精烧失法和烘干法等。

一、酒精烘烤法

(一)基本原理

土壤加入酒精，在105~110℃下烘烤时可以加速水分蒸发，大幅缩短烘烤时间，又不至于因有机质的烧失而造成误差。

(二)适用范围

各类土壤的水分含量。

(三)主要设备

铝盒、皮头吸管、烘箱。

(四)主要试剂

酒精。

(五)实验步骤

①取已烘干的铝盒称重为W_1(g)。

②加土壤约5 g平铺于盒底，称重为W_2(g)。

③用皮头吸管滴加酒精，使土样充分湿润，放入烘箱中，在105~110℃条件下烘烤30 min，取出冷却称重为W_3(g)。

(六)结果计算

$$土壤水分含量(\%)=\frac{W_3-W_2}{W_2-W_1}\times 10$$

土壤分析一般以烘干土计重，但分析时又以湿土或风干土称重，故需进行换算，计算公式为：

应称取的湿土或风干土样重=所需烘干土样重×(1+水分%)

(七)注意事项

无。

二、烘干法

(一)基本原理

将土样置于105℃±2℃的烘箱中烘至恒重，即可使其所含水分(包括吸湿水)全部蒸发殆尽，以此求算土壤水分含量。在此温度下，有机质一般不致大量分解损失而影响测定结果。

（二）适用范围

各类土壤的水分含量。

（三）主要设备

铝盒、烘箱。

（四）主要试剂

无。

（五）实验步骤

①取干燥铝盒称重为 W_1(g)。

②加土样约 5 g 于铝盒中称重为 W_2(g)。

③将铝盒放入烘箱，在 105~110℃下烘烤 6 h，一般可达恒重，取出放入干燥器内，冷却 20 min 可称重。必要时，如前法再烘 1 h，取出冷却后称重，两次称重之差不得超过 0.05 g，取最低一次计算。

（六）结果计算

结果计算同前。

（七）注意事项

质地较轻的土壤，烘烤时间可以缩短，即 5~6 h。

三、酒精燃烧法

（一）方法原理

本方法是利用酒精在土壤样品中燃烧释放出的热量，使土壤水分蒸发干燥，通过燃烧前后的质量之差，计算出土壤含水量的百分数。酒精燃烧在火焰熄灭前几秒钟，即火焰下降时，土温才迅速上升到 180~200℃。然后温度很快降至 85~90℃，再缓慢冷却。由于高温阶段时间短，样品中有机质及盐类损失很少。故此法测定土壤水分含量有一定的参考价值。

（二）适用范围

含有机质较少的土壤。

（三）主要设备

铝盒。

（四）主要试剂

酒精。

（五）实验步骤

称取土样 5 g 左右（精确度 0.01 g），放入已知质量的铝盒中。然后向铝盒中滴加酒精，直到浸没全部土面为止，并在桌面上将铝盒敲击几次，使土样均匀分布于铝盒中。将铝盒放在石棉铁丝网或木板上，点燃酒精，在即将燃烧完时用小刀或玻璃棒轻轻翻动土样，以助其燃烧。待火焰熄灭，样品冷却后，再滴加 2 mL 酒精，进行第二次燃烧，再冷却，称重。一般情况下，要经过 3~4 次燃烧后，土样达到恒重。

（六）结果计算

同前述方法。

（七）注意事项

本法不适用于含有机质高的土壤样品的测定，操作过程中注意防止土样损失，以免出现误差。酒精燃烧法测定土壤水分快但精确度较低，只适合田间速测。

实验四　田间持水量的测定

(一)基本原理

在自然状态下，用一定容积的环刀(一般为 100 cm^3)取土，到室内加水至毛管全部充满。然后取一定量湿土放入 105~110℃烘箱中，烘至恒重。水分占干土重百分数即为土壤田间持水量。

(二)适用范围

适用于各类土壤。

(三)主要设备

环刀(100 cm^3)、滤纸、纱布、橡皮筋、玻璃皿、天平(感量 0.01 g)、剖面刀、铁锹、锤子、烘箱、烧杯、滴管。

(四)主要试剂

无。

(五)实验步骤

①野外取样：在田间选取挖掘的土壤位置，用剖面刀修平土壤表面，按要求将环刀向下垂直压入土中，直至环刀筒中充满土样为止，然后用剖面刀切开外围土壤，盖上盖子，将环刀筒内的土壤无损带回室内。

②铝盒称重：取干燥铝盒称重为 W_1(g)。

③原状环刀土样浸泡：在环刀底端放大小合适滤纸 2 张，用纱布包好后用橡皮筋扎好。放在玻璃皿中，玻璃皿中事先放 2~3 层滤纸，将环刀放在滤纸上，用滴管不断滴加水于滤纸上，使滤纸保持湿润状态，使水分沿毛管上升并充满达到恒重为止。

④湿土称重：取出装土环刀，去掉纱布和滤纸，取出环刀上层土样 20~30 g 放入上述铝盒中称重。记录铝盒和湿土重为 W_2(g)。

⑤恒温烘干：打开铝盒盖，将铝盒+湿土放入烘箱中，105~110℃烘至恒重，取出放入干燥器中冷却至室温，称重 W_3(g)。

(六)结果计算

$$田间持水量(\%) = \frac{W_2 - W_3}{W_3 - W_1} \times 100$$

(七)注意事项

①电子天平使用前应放置平稳、稳固，并提前 0.5 h 通电预热。

②取环刀中湿润土样称重时，切勿取挨着滤纸的土样，应取环刀上层土样。

(八)思考题

简述田间持水量在生产中的意义。

实验五　土壤比重的测定

（一）基本原理

将已知质量的土样放入水中（或其他液体），排尽空气，根据排水称量法的原理，可测得由土壤置换出的液体体积。再测出土壤吸湿水含量，以烘干土质量（105℃）除以体积，即得土粒密度（土壤比重）。

（二）适用范围

各类土壤的土粒密度。

（三）主要设备

密度瓶（50 mL 或 100 mL）、天平（感量 0.001g）、电热板、温度计、真空干燥器、真空泵等。

（四）主要试剂

无。

（五）实验步骤

①将比重瓶洗净，注满冷却的无气水（煮沸 5min 后冷却至室温的水），测量瓶内水温 t_1（准确到 0.1℃）。加水至瓶口，塞上毛细管塞，擦干瓶外壁，称取此温度下比重瓶与水的合重（m_1）。

②称取约 10g（精确至 0.001g）通过 2 mm 筛孔的风干土样，经小漏斗装入比重瓶中并称重。同时，测定土壤样品含水量，由此确定比重瓶内的烘干土质量（m）。

③向装有试样的比重瓶中缓缓注入水至比重瓶约 1/3 处，边注水边摇动，使土样充分湿润，将比重瓶放在电热板上加热，保持沸腾 1h 并经常摇动以驱除空气，冷却至室温。

④注入无二氧化碳水（煮沸 5 min 后冷却至室温的水）至比重瓶瓶颈为止。待比重瓶内悬液澄清且温度稳定后，加满无二氧化碳水，塞好瓶塞，使多余的水自瓶塞毛细管中溢出，用滤纸擦干后立即称重（m_2），并用温度计测定比重瓶内的水温（t_2）。

⑤测定的土壤含水溶盐或较多的活性胶体时，土壤样品应先在 105℃ 烘干，并用非极性液体代替水，用真空抽气法驱逐土壤样品及液体中的空气。抽气过程要保持接近一个大气压的负压，经常摇动比重瓶，直至无气泡逸出为止。其余步骤同上。

（六）结果分析

当 $t_1=t_2$ 时，可按式（2-1）计算：

$$\mathrm{d_s}=\frac{m\times d_{w1}}{m+m_1-m_2} \tag{2-1}$$

式中　d_s——土粒密度（g/cm³）；

d_{w1}——t_1℃时蒸馏水密度（g/cm³）；

m——烘干土样质量（g）；

m_1——t_1℃时比重瓶+水质量（g）；

m_2——t_2℃时比重瓶+水质量+土样质量（g）。

表 2-7 不同温度下水的密度(g/cm³)

温度℃	密度	温度℃	密度	温度℃	密度	温度℃	密度
0.0~1.5	0.9999	18.0	0.9986	25.5	0.9969	33.0	0.9947
2.0~6.5	1.0000	18.5	0.9985	26.0	0.9968	33.5	0.9946
7.0~8.0	0.9999	19.0	0.9984	26.5	0.9967	34.0	0.9944
8.5~9.5	0.9998	19.5	0.9983	27.0	0.9965	34.5	0.9942
10.0~10.5	0.9997	20.0	0.9982	27.5	0.9964	35.0	0.9941
11.0~11.5	0.9996	20.5	0.9981	28.0	0.9963	35.5	0.9939
12.0~12.5	0.9995	21.0	0.9980	28.5	0.9961	36.0	0.9937
13.0	0.9994	21.5	0.9979	29.0	0.9960	36.5	0.9935
13.5~14.0	0.9993	22.0	0.9978	29.5	0.9958	37.0	0.9934
14.5	0.9992	22.5	0.9977	30.0	0.9957	37.5	0.9932
15.0	0.9991	23.0	0.9976	30.5	0.9955	38.0	0.9930
15.5~16.0	0.9990	23.5	0.9974	31.0	0.9954	38.5	0.9928
16.5	0.9989	24.0	0.9973	31.5	0.9952	39.0	0.9926
17.0	0.9988	24.5	0.9972	32.0	0.9951	39.5	0.9924
17.5	0.9987	25.0	0.9971	32.5	0.9949	40.0	0.9922

当 t_1 不等于 t_2 时，必须将 t_2 时比重瓶与水的合重校正至 t_1 时比重瓶与水的合重。查(表 2-7)得 t_1 和 t_2 温度时水的密度，忽略温度变化所引起的比重瓶的胀缩，t_1 和 t_2 温度时水的密度差乘以比重瓶容积(V)即得到由 t_2 换算到 t_1 时比重瓶中水重的校正数。比重瓶的容积由式 2-2 求得：

$$V=\frac{m_1-m_0}{d_{w2}} \tag{2-2}$$

式中 m_0——比重瓶质量(g)；

d_{w2}——t_2℃时蒸馏水密度(g/cm³)。

(七)注意事项

①煮沸时温度不可过高，否则易造成土液溅出。

②风干土样都含有不同数量的水分，需测定土样的风干含水量。

(八)思考题

在实验操作过程中，为什么要排出比重瓶内土壤与水中的空气？

实验六　土壤容重及孔隙度的测定

(一)基本原理

利用一定容积的环刀切割自然状态的土样，使土样充满其中，称量后计算单位体积的烘干土样质量，即为土壤容重。土壤容重的大小不仅可以粗略判断土壤结构及松紧程度等状况，而且也是计算土壤孔隙度和空气含量的必要数据。

(二)适用范围

适用于一般土壤，对坚硬和易碎的土壤不适用。

(三)主要设备

环刀(容积为 100 cm^3)、环刀托、削土刀、小土铲、烘箱、铝盒、干燥器、天平(感量 0.1 g)。

(四)主要试剂

凡士林。

(五)实验步骤

①采样前，在各环刀的内壁均匀地涂上一层薄薄的凡士林，逐个称取环刀质量(m_1)，精确至 0.1 g。

②选定代表性的测定地点，按要求挖掘土壤剖面。用削土刀修平土壤剖面，并记录剖面的形态特征，根据实验要求分层取样，每层重复 3 个。

③将环刀托放在已知质量的环刀上，将环刀刃口向下垂直压入土中，直至环刀筒中充满土样为止。

④用削土刀切开环刀周围的土样，取出已充满土的环刀，细心削平环刀两端多余的土，并擦净环刀外面的土。同时在同层另取土样 20 g 左右，装入有盖铝盒，测定土壤自然含水量。

⑤把装有土样的环刀两端立即加盖，带回实验室，称取环刀及湿土质量(m_2)。

(六)结果分析

(1)土壤容重的计算

$$容重(g/cm^3)=\frac{m_2-m_1}{V\times(1000+W)}\times 1000 \tag{2-3}$$

式中　m_2——环刀及湿土质量(g)；

m_1——环刀质量(g)；

V——环刀容积(cm^3)；

W——土壤自然含水量(g/kg)。

(2)土壤总孔隙度的计算

土壤总孔隙度一般不直接测定，而是用土粒密度(土壤比重)和土壤密度(土壤容重)计算求得。

$$土壤总孔隙度\ P(\%)=\left(1-\frac{土壤容重}{土壤比重}\right)\times 100\% \tag{2-4}$$

如果未测定土壤比重，可采用土壤比重的平均值 2.65 来计算。

(七)注意事项

若只测定表层(或耕作层)土壤容重，则不必挖土壤剖面。

(八)思考题

测定土壤容重时，为什么要用环刀采集土壤结构未破坏的原状土壤?

实验七　土壤颗粒分析

(一)基本原理

土壤颗粒大小分析，亦称土壤颗粒组成分析、土壤机械分析、土壤机械组成分析。测定土壤中不同粒径大小土壤颗粒的含量或比例。土壤颗粒分析包括干筛法、吸管法、比重计法等。颗粒组成常用吸管法测定，方法由筛分和静水沉降结合组成，通过 2 mm 筛孔的土样经化学和物理方法处理成悬浮液定容后，根据 Stokes 定律及土粒在静水中的沉降规律，大于 0.25 mm 的各级颗粒由一定孔径的筛子筛分，小于 0.25 mm 的粒级颗粒则用吸管从其中吸取一定量的各级颗粒(表 2-8)，烘干称量，计算各级颗粒含量的百分数，确定土壤的颗粒组成和土壤质地名称。

表 2-8　土壤颗粒分级标准(美国制)

颗粒直径(mm)	颗粒分级命名	颗粒直径(mm)	颗粒分级命名
>250	石块	0.25~0.1	细砂粒
250.0~2.0	石砾	0.1~0.05	极细砂粒
2.0~1.0	极粗砂粒	0.05~0.002	粉粒
1.0~0.5	粗砂粒	<0.002	黏粒
0.5~0.25	中砂粒		

(二)适用范围

各类土壤。

(三)主要设备

移液枪、搅拌棒、下端装上带孔铜片或厚胶版、量筒(1000 mL)、土壤筛(孔径分别为 2 mm、1 mm、0.5 mm)、洗筛(直径 6 cm，孔径为 0.25 mm)、三角瓶(500 mL)，漏斗(直径 7 cm)、天平(感量 0.0001 g)、烘箱、真空干燥器、漏斗架。

(四)主要试剂

①0.2 mol/L 盐酸溶液：17 mL 盐酸，加水稀释至 1 L。

②0.05 mol/L 盐酸溶液：250 mL 0.2 mol/L 盐酸溶液，加水稀释至 1 L。

③0.5 mol/L 氢氧化钠溶液(酸性土壤)：20 g 氢氧化钠，加水溶解后稀释至 1000 mL。

④钙指示剂：0.5 g 钙指示剂(钙红，2-羟基-1-(2-羟基-4 磺酸-1-萘偶氮苯)-3-苯甲酸)，与 50 g 烘干的氯化钠研磨均匀，贮于密闭瓶中，用毕塞紧。

⑤0.5 mol/L 六偏磷酸钠溶液(石灰性土壤)：51 g 六偏磷酸钠溶于水，加水稀释至 1L。

⑥0.5 mol/L 草酸钠溶液(中性)：33.5 g 草酸钠溶于水，加水稀释至 1L。

(五)实验步骤

①样品处理：称取通过 2 mm 筛孔的 10 g(精确至 0.001 g)风干土样 3 份，其中一份放入已知质量的 50 mL 烧杯中作土壤水分换算系数的测定，另两份分别放入 50 mL 烧杯中作测定盐酸洗失量和颗粒分析用。

②土壤水分换算系数的测定：将已知质量的 50 mL 烧杯(精确至 0.001 g)盛土样后，放入烘箱，在 105℃烘 6 h，再在干燥器中冷却后称至恒量，计算土壤水分换算系数。

③脱钙及盐酸洗失量的测定：含有碳酸盐的土壤，先用 0.2 mol/L 盐酸溶液洗，无碳酸盐的土壤可直接用 0.05 mol/L 的盐酸溶液洗。在盛土样的烧杯中慢慢放入 10 mL 0.2 mol/L 盐酸溶液，用玻璃棒充分搅拌，静置片刻，让土粒沉降。于漏斗中放一已知质量的快速滤纸，将烧杯内的上清液倒入漏斗过滤。再在烧杯中加入 10 mL 0.2 mol/L 盐酸溶液，如前搅拌、静置、过滤，如此反复多次直至土样中无二氧化碳气泡发生。然后改用 0.05 mol/L 盐酸溶液洗土样，直到滤液中无钙离子为止，再用水洗 2~3 次。除氯化物及盐酸，直至无氯离子为止。

检查钙离子：于白瓷比色板凹孔中接 1~2 滴滤液，加 1∶1 氨水 1 滴，轻轻摇动比色板，加钙指示剂少量，再轻摇比色板，当滤液呈红色则表示还有钙离子存在，蓝色表示钙离子已洗净。

检查氯离子：用试管收集少量(约 5 mL)滤液，滴加 1∶9 硝酸酸化滤液，然后滴加 50 g/L 硝酸银溶液 1~2 滴，若有白色沉淀物即显示尚有氯离子存在，如无白色沉淀物，则显示样品中已无氯离子。

用水将烧杯中测定洗失量的土样全部洗入漏斗中，等漏斗内的土样滤干后连同滤纸一起移入已知质量的铝盒内，放在烘箱中于 105℃烘干至恒定质量，计算盐酸洗失量。

④去除有机质：对于含大量有机质又需去除的样品，将上述 2 份除尽碳酸盐的样品，从漏斗中分别移入 250 mL 高型烧杯中，加入 10~20 mL1∶4 过氧化氢溶液，并经常用玻璃棒搅拌，使有机质和过氧化氢充分接触，以利氧化。当过氧化氢强烈氧化有机质时，发生大量气泡，会使样品溢出容器，需滴加异戊醇消泡，避免样品损失。当剧烈反应结束后，若土色变淡即表示有机物已基本上完全分解，若发现未完全分解，可追加过氧化氢。剧烈反应后，在水浴锅上加热 2 h 去除多余的过氧化氢。将上述一份样品测定盐酸、过氧化氢洗失量。

⑤制备悬液：洗盐即取出有机质后的另一份测颗粒分析的土样用水洗入 500 mL 三角瓶中，把滤纸移到蒸发皿内，用橡皮头玻璃棒及水冲洗滤纸，直到洗下的水透明为止，一并将洗下的水倒入锥形瓶中，加 0.5 mol/L 氢氧化钠 10 mL 于三角瓶中，然后加水使悬浮液体积达到 250 mL 左右，充分摇匀。锥形瓶上放一小漏斗，并放在电热板上加热，微沸 1 h，并经常摇动三角瓶，以防土粒沉积瓶底成硬块，使样品充分分散。

分离 2~0.25 mm 粒级与制成悬液：在 1 L 量筒上放一大漏斗，将孔径 0.25 mm 洗筛放在大漏斗内。待悬浮液冷却后，充分摇动锥形瓶中的悬浮液，通过 0.25 mm 洗筛，用水洗入量筒中。留在锥形瓶内的土粒，用水全部洗入洗筛内，洗筛内的土粒用橡皮头玻璃棒轻轻地洗擦和用水冲洗，直到滤下的水不再混浊为止。同时应注意勿使量筒内的悬浮液体积超过 1 L，最后将量筒内的悬浮液用水加至 1 L 标度。

将留在洗筛内的砂粒洗入已知质量铝盒中，把铝盒置于低温电热板上蒸去大部分水分，然后放入烘箱中，于 105℃烘 6 h，再在干燥器中冷却后称至恒量(精确至 0.001g)。

对于不需要去除碳酸盐及有机质的样品，在测定土壤水分换算系数的同时，则可直接称样放入 500 mL 三角瓶中，加 250 mL 水，充分浸泡 8 h 以上，然后根据样品的 pH 值，加入不同的分散剂煮沸分散(酸性土壤加 10 mL 0.5 mol/L 氢氧化钠溶液，中性加 10 mL 0.5 mol/L 草酸钠溶液，石灰性土壤加 10 mL 0.5 mol/L 六偏磷酸钠溶液)制备悬浮液。

⑥测定悬浮液的温度增加：将温度计悬挂在盛有水的 1 L 量筒中，并将量筒与待测悬浮液量筒放在一起，记录水温(℃)，即代表悬浮液的温度增加。

⑦吸取悬浮液样品：将盛有悬浮液的量筒放在温度变化小的平稳桌上，并避免阳光直接照射。根据悬浮液温度、土壤密度与颗粒直径，按照美国制土壤颗粒分析吸管法吸取各粒级的时间表(表 2-9)，吸取各级颗粒。用搅拌棒搅拌悬液 1 min(一般速度为上下各 30 次)，搅拌结束时即为开始沉降时间，按规定时间静置后吸液，在吸液前 10 s 将吸管轻轻放于规定深度处，再按所需粒径预先计算好的吸液时间，提前 5 s 开始吸取悬液 25 mL，吸液时间尽可能控制在 20 s 内。速度不可太快，以免影响颗粒沉降规律。将吸取的悬液移入有编号的已知重量的铝盒中，并用少量蒸馏水冲洗并放入铝盒中。按上述步骤，分别吸取小于 0.05、小于 0.02、小于 0.002 mm 各粒级的悬液。

⑧称各粒级质量：将盛有各粒级悬液的铝盒放在电热板上烘干，然后放入烘箱，在 105~110℃烘 6 h 至恒重，取出置于真空干燥器内，冷却 20 min 后称重。

⑨各砂粒的分级并称重：把 0.25 mm 以上的砂粒，通过 1.0 及 0.5 mm 的筛孔，并分别称出它们的烘干质量。

表 2-9　土壤颗粒分析吸管法吸取各粒级时间表

土壤密度	粒径(mm)	吸液深度(cm)	在不同温度下吸取悬浮液所需时间														
			10℃			12.5℃			15℃			17.5℃			20℃		
			h	min	s	h	min	s	h	min	s	h	min	s	h	min	s
2.40	0.05	25		2	51		2	39		2	29		2	20		2	12
	0.02	25	9	17	50	8	16	38	8	15	33	7	14	35	7	13	42
	0.002	8		31	15		53	7		17	42		14	1		18	27
2.45	0.05	25		2	15		2	34		2	24		2	15		2	7
	0.02	25	9	17	13	8	16	4	8	15	1	7	14	5	7	13	14
	0.002	8		11	39		34	24		0	29		30	54		3	25
2.50	0.05	25		2	39		2	28		2	19		2	11		2	3
	0.02	25	8	16	39	8	15	31	7	14	31	7	13	37	6	12	47
	0.002	8		53	7		17	17		44	34		15	55		49	18
2.55	0.05	25		2	34		2	24		2	15		2	7		1	59
	0.02	25	8	16	7	8	15	2	7	14	2	7	13	11	6	12	23
	0.002	8		36	2		1	16		29	34		1	52		36	6
2.60	0.05	25		2	29		2	18		2	10		2	2		1	55
	0.02	25	8	15	36	8	14	33	7	13	36	6	12	46	6	12	0
	0.002	8		19	54		46	13		15	32		48	42		23	44

（续）

土壤密度	粒径（mm）	吸液深度（cm）	在不同温度下吸取悬浮液所需时间														
			10℃			12.5℃			15℃			17.5℃			20℃		
			h	min	s	h	min	s	h	min	s	h	min	s	h	min	s
2.65	0.05	25		2	25		2	15		2	7		1	59		1	52
	0.02	25	8	15	8	7	14	7	7	13	11	6	12	23	6	11	38
	0.002	8		4	45		32	5		2	21		36	19		12	8
2.70	0.05	25		2	20		2	11		2	3		1	55		1	45
	0.02	25	7	14	41	7	13	42	6	12	48	6	12	1	6	11	17
	0.002	8		50	31		18	48		49	56		24	40		1	11
2.75	0.05	25		2	16		2	7		1	59		1	52		1	49
	0.02	25	7	14	16	7	13	19	6	12	26	6	11	40	5	10	59
	0.002	8		37	4		6	16		38	13		13	41		50	55
2.80	0.05	25		2	13		2	4		1	56		1	49		1	43
	0.02	25	7	13	53	6	12	57	6	12	6	6	11	21	5	10	40
	0.002	8		24	22		54	26		27	10		3	19		46	9
2.40	0.05	25		2	4		1	57		1	51		1	45		1	39
	0.02	25	6	12	55	6	12	11	6	11	32	5	10	55	5	10	20
	0.002	8		53	3		29	38		8	19		48	46		30	51
2.45	0.05	25		2	6		1	53		1	47		1	41		1	36
	0.02	25	6	12	28	6	11	46	5	11	8	5	10	32	5	9	59
	0.002	8		38	43		16	13		55	39		36	42		19	31
2.50	0.05	25		1	56		1	49		1	43		1	38		1	33
	0.02	25	6	12	3	6	11	22	5	10	45	5	10	11	5	9	39
	0.002	8		25	31		3	42		43	51		25	33		8	51
2.55	0.05	25		1	51		1	46		1	40		1	35		1	30
	0.02	25	6	11	40	5	11	0	5	10	25	5	9	52	4	9	20
	0.002	8		13	5		51	59		32	47		15	4		58	57
2.60	0.05	25		1	48		1	43		1	37		1	32		1	27
	0.02	25	6	11	18	5	10	40	5	10	5	5	9	33	4	9	3
	0.002	8		1	27		41	1		22	24		5	15		49	50
2.65	0.05	25		1	45		1	40		1	34		1	29		1	24
	0.02	25	5	10	57	5	10	20	5	9	47	4	9	16	4	8	44
	0.002	8		50	30		30	42		12	39		56	2		40	53
2.70	0.05	25		1	42		1	37		1	31		1	26		1	22
	0.02	25	5	10	38	5	10	2	5	9	30	4	9	0	4	8	31
	0.002	8		40	13		20	59		3	29		47	21		32	40

（续）

土壤密度	粒径(mm)	吸液深度(cm)	在不同温度下吸取悬浮液所需时间														
			10℃			12.5℃			15℃			17.5℃			20℃		
			h	min	s	h	min	s	h	min	s	h	min	s	h	min	s
2.75	0.05	25	5	1	39	5	1	34	4	1	29	4	1	24	4	1	19
	0.02	25		10	20		9	45		9	13		8	44		8	17
	0.002	8		30	30		11	50		54	49		39	9		24	52
2.80	0.05	25	5	1	37	5	1	31	4	1	26	4	1	22	4	1	17
	0.02	25		10	3		9	29		8	58		8	30		8	3
	0.002	8		21	20		3	11		46	39		31	25		17	32

（六）结果分析

（1）土壤水分换算系数 K_2 计算：

$$K_2 = \frac{m}{m_1} \tag{2-5}$$

式中　m——烘干土质量（g）；

m_1——风干土质量（g）。

$$烘干土质量(g) = 风干土质量(g) \times K_2 \tag{2-6}$$

$$洗失量(g/kg) = \frac{m_2'}{m} \times 1000 \tag{2-7}$$

m_2' = 洗盐及去除有机质前烘干土质量（g）+铝盒质量（g）+滤纸质量（g）-（铝盒+滤纸+洗盐及去除有机质后烘干土质量）（g）

式中　m_2'——洗失质量（g）。

（2）2.0~1.0，1.0~0.5，0.5~0.25 mm 粒级含量（g/kg）：

$$2.0\sim1.0\ mm 粒级含量(g/kg) = \frac{m'}{m} \times 1000 \tag{2-8}$$

式中　m'——2.0~1.0 mm 粒级烘干土质量（g）。

$$1.0\sim0.5\ mm 粒级含量(g/kg) = \frac{m''}{m} \times 1000 \tag{2-9}$$

式中　m''——1.0~0.5 mm 粒级烘干土质量（g）

$$0.5\sim0.25\ mm 粒级含量(g/kg) = \frac{m'''}{m} \times 1000 \tag{2-10}$$

式中　m'''——0.5~0.25 mm 粒级烘干土质量（g）。

$$0.05\ mm 粒级以下，小于某粒级含量(g/kg) = \frac{m_2}{m} \times \frac{1000}{V} \times 1000 \tag{2-11}$$

式中　m_2——吸取悬浮液中小于某粒级的质量（g）；

m——烘干土质量（g）；

V——吸取小于某粒级的悬浮液体积（mL）；

1000——悬液总体积（mL）。

(3)分散剂质量校正

加入的分散剂在计算时必须予以校正。各粒级含量(g/kg)是由小于某粒级含量(g/kg)依次相减而得。由于小于某粒级含量中都包含着等量的分散剂，实际上在依次相减时已将分散剂量扣除，分散剂量(g/kg)只需在最后一级黏粒(小于 0.002 mm)含量(%)中减去。分散剂占烘干土质量按下式计算：

$$A(\text{g/kg}) = \frac{C \times V \times 0.040}{m} \times 1000 \tag{2-12}$$

式中 A——分散剂氢氧化钠占烘干土质量(g/kg)；

C——分散剂氢氧化钠溶液浓度(mol/L)；

V——分散剂氢氧化钠溶液体积(mL)；

m——烘干土质量(g)；

0.040——氢氧化钠分子的摩尔质量(g/mmol)。

(4)各粒级含量(g/kg)的计算

粉(砂)粒(0.05~0.02 mm)粒级含量(g/kg)= 小于 0.05 mm 粒级含量(g/kg)-小于 0.02 mm 粒级含量(g/kg)　(2-13)

粉(砂)粒(0.02~0.002 mm)粒级含量(g/kg)= 小于 0.02 mm 粒级含量(g/kg)-小于 0.002 mm 粒级含量(g/kg)　(2-14)

黏粒(小于 0.002 mm)粒级含量(g/kg)= 小于 0.002 mm 粒级含量(g/kg)-A(g/kg)　(2-15)

细砂+极细砂(0.25~0.05 mm)粒级含量(g/kg)= 100-[2.0~1.0 mm 粒级含量(g/kg)+1.0~0.5 mm 粒级含量(g/kg)+0.5~0.25 mm 粒级含量(g/kg)+0.05~0.02 mm 粒级含量(g/kg)+0.02~0.002 mm 粒级含量(g/kg)+小于 0.002 mm 粒级含量(g/kg)+盐酸洗失量(g/kg)]　(2-16)

砂粒(2.0~0.05 mm)粒级含量(g/kg)= 2.0~1.0 mm 粒级含量(g/kg)+1.0~0.5 mm 粒级含量(g/kg)+0.5~0.25 mm 粒级含量(g/kg)+0.25~0.05 mm 粒级含量(g/kg)+盐酸洗失量(g/kg)　(2-17)

粉(砂)粒(0.05~0.02 mm)粒级含量(g/kg)= 0.05~0.02 mm 粒级含量(g/kg)+0.02~0.002 mm 粒级含量(g/kg)　(2-18)

(5)确定土壤质地名称

根据砂粒(2.0~0.05 mm)、粉(砂)粒(0.05~0.002 mm)及黏粒(小于 0.002 mm)粒级含量(g/kg)，在美国制土壤质地分类三角坐标图上查的土壤质地名称(图 2-1)。

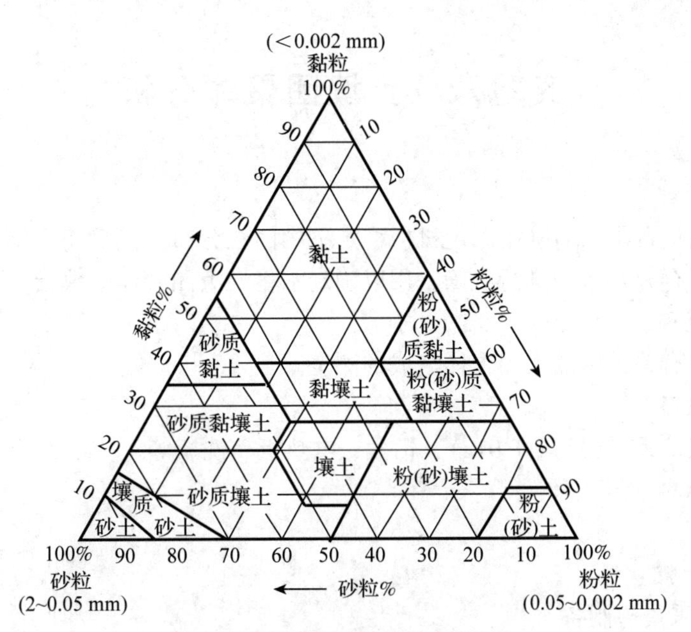

图 2-1　土壤质地分类三角坐标图

(七)注意事项

无。

(八)思考题

分析哪些因素会影响土壤颗粒组成。

实验八　土壤团聚体分析

(一)基本原理

对风干样品进行干筛后确定一定机械稳定下的团粒分布，然后将干筛法得到的团粒分布按相应比例混合并在水中进行湿筛，用以确定水稳性大团聚体的数量及分布。

(二)适用范围

与林业生产有关土壤的大团聚体组成的测定。

(三)主要设备

团粒分析仪、天平(感量0.01g)、铝盒、电热板、洗瓶等。

(四)主要试剂

无。

(五)实验步骤

(1)样品的采集与制备

①样品的采集：采样时土壤湿度不宜过干或过湿，最好不黏附工具，接触不变形。采样时从下至上分层采取，注意不要使土块受挤压，以保持原来结构状态。剥去土块外面直接与土锹接触而变形的土壤，均匀地取内部未变形的土壤约 2 kg，置于固定容器内运回室内。

②样品的制备：将带回的土壤沿自然结构面轻轻剥成 10~12 mm 直径的小土块，弃去粗根和小石块，风干(不宜太久)备用。

(2)干筛法测定

①将团粒分析仪的筛组(孔径为 5.0 mm、2.0 mm、1.0 mm、0.5 mm、0.25 mm)按顺序套好(筛孔大的在上、小的在下)。

②取风干土样 1.5 kg(不少于 500 g)分几次倒在筛组的最上层，每次数量为 100~200 g，加盖，用手摇动筛组，使土壤团聚体按其大小筛到下面的筛子。当小于 5 m 的团聚体全部被筛到下面的筛子后，拿走 5 mm 筛，用手摇动其余 4 个筛子。当小于 2 mm 的团聚体全部被筛下去后，拿走 2 mm 的筛子。按上法继续筛同一样品的其他粒级部分。将每次筛出来的各级团聚体中相同粒径的放在一起，分别称量它们的风干土质量(精确至 0.01 g)，求出它们的百分含量。

(3)湿筛法测定

①根据干筛法求得的各级团聚体的百分含量，把干筛分取的风干样品按比例配 50.00 g。例如，若样品中 5~3 mm 的粒级干筛法含 200 g/kg，则分配该级称样量为 50 g×200 g/kg=10 g；若 1~0.5mm 的粒级干筛法含量为 50 g/kg ，则分配该级称样量为 50 g×50 g/kg=2.5 g，依此类推。为防止湿筛时堵塞筛孔，故不能将小于 0.25 mm 的团聚体倒入准备湿筛的样品中，但计算取样数量和其他计算中都需包含这一数值。

②将孔径为 5.0 mm、2.0 mm、1.0 mm、0.5 mm、0.25 mm 的筛组从小到大向上叠好，然后将已称好的样品置于筛上。

③将筛组置于团粒分析仪的震荡架上，放入已经加水的水桶中，水的高度至筛组最上面一个筛子的上缘部分，在团粒分析仪工作时的整个振荡过程中，任何时候都不能离开水面。

④开动开关，振荡 30 min。

⑤将振荡架慢慢升起，使筛组离开水面，待水淋干后，将留在各级筛上的团聚体洗入已知质量的铝盒中，倾去上部清液。

⑥将铝盒中各级水稳性大团聚体放在电热板上烘干，然后在大气中放置一昼夜，使呈风干状态，称量(精确至 0.01 g)。

(六)结果分析

$$\text{各级非水稳定性大团聚体含量(g/kg)} = \frac{m_1'}{m_1} \times 1000 \tag{2-19}$$

式中　m_1——风干土样质量，g；

m_1'——各级非水稳性大团聚体风干质量，g。

各级非水稳性大团聚体含量(g/kg)的总和为总非水稳性大团聚体含量(g/kg)。

各级非水稳性大团聚体含量占总非水稳性大团聚体含量比例(%)

$$= \frac{\text{各级非水稳性大团聚体含量(g/kg)}}{\text{总非水稳性大团聚体含量(g/kg)}} \times 100 \tag{2-20}$$

$$\text{各级水稳定性大团聚体含量} = \frac{m_1''}{m_1} \times 1000$$

式中　m_1——风干土样质量，g；

m_1''——各级水稳性大团聚体风干质量，g。

各级水稳性大团聚体含量(g/kg)的总和为总水稳性大团聚体含量(g/kg)。

各级水稳定性大团聚体含量占总水稳定性大团聚体含量比例(%)

$$= \frac{\text{各级水稳性大团聚体含量(g/kg)}}{\text{总水稳性大团聚体含量(g/kg)}} \times 100 \tag{2-21}$$

(七)注意事项

①采样时要注意土壤湿度，不宜过干或地湿，最好在不黏锹、经接触而不易变形时采取。

②进行湿筛时，应将土样均匀地分布在整个筛面上。

(八)思考题

①根据试验结果，评价该土壤的结构性。

②请评价土壤团聚体在土壤肥力上的贡献。

实验九　土壤 pH、交换性酸和石灰需要量的测定

一、土壤 pH 测定

（一）基本原理

以电位法测定土壤悬液 pH，通用 pH 玻璃电极为指示电极，甘汞电极为参比电极。此二电极插入待测液时构成一电池反应，其间产生一电位差，因参比电极的电位是固定的，故此电位差之大小取决于待测液的 H^+离子活度或其负对数 pH。因此，可用电位计测定电动势。再换算成 pH，一般用酸度计可直接测读 pH。

（二）适用范围

各类土壤的 pH 值。

（三）主要设备

pH 酸度计（PHS-3C）、高型小烧杯（50 mL）、天平（感量 0.01g）、玻璃棒、滤纸等。

（四）主要试剂

①pH4.01 标准缓冲溶液：称取 10.21 g 在 105℃ 烘烤过的邻苯二甲酸氢钾（$KHC_8H_4O_4$，分析纯），用蒸馏水溶解后定容至 1 L。

②pH6.87 标准缓冲溶液：称取 3.39 g 在 105℃ 烘烤过的磷酸二氢钾（KH_2PO_4，分析纯）和 3.53 g 无水磷酸氢二钠（Na_2HPO_4，分析纯），溶于蒸馏水后定容至 1 L。

③pH9.18 标准缓冲溶液：称取 3.80 g 硼砂（$Na_2B_4O_7 \cdot 10H_2O$，分析纯）溶于无二氧化碳的冷蒸馏水中，定容至 1 L。此溶液的 pH 易变化，应注意保存。

④氯化钾溶液：$c(KCl) = 1$ mol/L。称取 74.6 g 氧化钾溶于水，并定容至 1 L。

（五）实验步骤

（1）待测液的制备

称取 10.00g 通过 1 mm 孔筛的风干土样于 50 mL 高型小烧杯中，加入 25 mL 无二氧化碳的蒸馏水。用玻璃棒间歇地搅拌 1~2 min，使土体完全分散，放置 20~30 min 后用校正过的酸度进行测定，此时应避免空气中氨或挥发性酸性气体等的影响。

仪器校正：依照仪器说明书，至少使用两种 pH 标准缓冲溶液进行 pH 的校正。

（2）测定

把玻璃电极球部浸入土样的上清液中，待读数稳定后，记录待测液 pH 值。每个样品测完后，立即用蒸馏水冲洗电极，并用干滤纸将水吸干再测定下一个样品。当上述测定的 pH 值<7 时，再以相同的水土比，用 1.0 mol/L KCl 浸提，按上述步骤测土壤代换性酸度。

（六）结果分析

直接读取 pH，结果保留一位小数。并应标明浸提剂的种类。

（七）注意事项

①电极在悬液中所处的位置对测定结果有影响，要求将甘汞电极插入上部清液中，尽量避免与泥浆接触。

②pH 读数时摇动烧杯会使读数偏低，要在摇动后稍加静止再读数。

(八)思考题

①酸度计如何校准？

②为什么在测定 pH 值时，要求将玻璃电极球部浸入土样的上清液中？

二、土壤交换性酸测定

(一)基本原理

采用氯化钾交换—中和滴定法测定土壤中交换性酸度。在酸性土壤中，土壤永久负电荷引起的酸度(交换性 H^+ 和 Al^{3+})用 1 mol/L KCl 淋洗时被 K^+ 交换而进入溶液，当用氢氧化钠标准溶液直接滴定浸出液时，同时滴定了交换性 H^+ 和 Al^{3+} 水解产生的 H^+，所得结果为交换性 H^+ 和 Al^{3+} 的总和，即交换性酸总量。另取一份浸出液，加入足量的氟化钠溶液，使 Al^{3+} 络合成 $[AlF_6]^{3-}$，从而防止 Al^{3+} 的水解，再用标准氢氧化钠溶液滴定，所得结果为交换性 H^+。两者之差为交换性 Al^{3+}。

(二)适用范围

酸性土壤交换性酸度的测定。

(三)主要设备

容量瓶(250 mL)、锥形瓶(250 mL)、碱式滴定管或微量滴定管(25 mL)。

(四)主要试剂

①氯化钾溶液(1 mol/L)：74.55 g KCl(化学纯)溶于水中，定容至 1L，溶液 pH 应在 5.5~6.0 之间(用稀氢氧化钠或稀盐酸调节)

②10 g/L 酚酞指示剂：1 g 酚酞溶于 100 mL 95%乙醇中。

③35 g/L 氟化钠溶液：3.5 g 氟化钠(NaF，化学纯)溶于 80 mL 无二氧化碳水中，以酚酞作指示剂，用稀氢氧化钠或稀盐酸调节到微红色(pH8.3)，最后稀释至 100mL。贮于塑料瓶中。

④0.02 mol/L 氢氧化钠标准溶液：称取 0.4 g 氢氧化钠(分析纯)，用无二氧化碳水定容至 500 mL，用邻苯二甲酸氢钾标定。

(五)实验步骤

①称取 5.00 g 风干土样(2 mm)，放在铺好滤纸的漏斗内，用 1 mol/L 氯化钾溶液少量多次地淋洗土壤样品，滤液承接在 250 mL 容量瓶中，近刻度时用 1 mol/L 氯化钾溶液定容。

②吸取 100 mL 滤液于 250 mL 锥形瓶中，煮沸 5 min，赶出二氧化碳，以酚酞作指示剂，趁热用 0.02 mol/L 氢氧化钠标准溶液滴定至微红色，记下氢氧化钠用量(V_1)。

③另取一份 100 mL 滤液于 250 mL 锥形瓶中，煮沸 5 min，趁热加入过量 35 g/L 氟化钠溶液 1 mL，冷却后以酚酞作指示剂，用 0.02 mol/L 氢氧化钠标准溶液滴定到微红色，记下氢氧化钠用量(V_2)。

④用同样方法做空白试验，分别计取氢氧化钠用量(V_0 和 V_0')。

(六)结果分析

$$\text{交换性酸总量}[\text{cmol}(H^+ + 1/3Al^{3+})/\text{kg}] = \frac{(V_1 - V_0) \times C \times t_s}{m_1 \times K_2 \times 10} \times 1000 \qquad (2\text{-}22)$$

$$交换性氢含量[cmol(H^+)/kg] = \frac{(V_2 - V_0') \times C \times t_s}{m_1 \times K_2 \times 10} \times 1000 \quad (2-23)$$

$$交换性铝含量[cmol(Al^{3+})/kg] = 交换酸总量 - 交换性氢含量$$

式中 c——氢氧化钠标准溶液的浓度(mol/L)；

t_s——分取倍数[t_s=浸出液体积(mL)/吸取浸出液体积(mL)=250/10]；

K_2——将风干土换算成烘干土样的水分换算系数；

m_1——风干土样质量(g)；

10——将 mmol 换算成 cmol 的倍数。

(七)注意事项

淋洗 250 mL 已可把交换性 H^+ 和 Al^{3+} 基本洗出，若淋洗体积过大或时间过长，有可能把部分水解性酸洗出。

(八)思考题

思考为什么不同类型土壤所采用的常用浸提剂不同?

三、石灰需要量测定

(一)基本原理

酸性土壤石灰需要量是指把土壤从其初始酸度中和到一个选定的中性或微酸性状态所需的石灰或其他碱性物质的量。采用土壤—缓冲剂平衡法，使土壤酸度在比较低而且近于平衡的 pH 下逐渐进行中和，用氯化钙溶液[$c(CaCl_2)$ = 0.2 mol/L]交换出土壤胶体上吸附的氢离子和铝离子，然后用氢氧化钙标准溶液滴定其酸度，用酸度计指示终点，然后根据氢氧化钙的用量计算石灰需要量。

(二)适用范围

酸性土壤石灰需要量的测定。

(三)主要设备

pH 酸度计、复合玻璃电极、磁力搅拌器、烧杯(100 mL)、天平(感量 0.01g)、洗瓶、玻璃棒、温度计等。

(四)主要试剂

①0.2 mol/L 氯化钙溶液：称取 44 g 氯化钙($CaCl_2 \cdot 6H_2O$，化学纯)溶于水中，稀释至 1 L，然后用 0.03 mol/L 氢氧化钙或稀盐酸调节到 pH 值 7.0。

②0.03 mol/L 氢氧化钙标准溶液：称取 4.0 g 经 920℃灼烧 30 min 的氧化钙(CaO，分析纯)溶于 200 mL 无二氧化碳的蒸馏水中，搅拌后放至澄清，倾出上清液于试剂瓶中，用装有苏打石灰管及虹吸管的橡皮塞塞紧，使用时其浓度需用邻苯二甲酸氢钾或盐酸标准溶液标定。

(五)实验步骤

称取 10.00 g 通过 2 mm 筛孔的风干土样于 100 mL 烧杯中，加入 0.2 mol/L 氯化钙溶液 40 mL，充分搅拌 1 min，插入 pH 复合玻璃电极，边搅拌边用 0.03 mol/L 氢氧化钙标准溶液滴定，直到酸度计上的 pH 值读数为 7.0 时计为终点，记录所消耗氢氧化钙标准溶液的体积。

（六）结果分析

石灰需要量以中和每公顷耕层土壤（$2000\times10^4 \sim 2600\times10^4$ kg）需要用氧化钙的千克数计算。但实验室测定条件与田间实际情况有一定差异，施用石灰量的计算方法为：

$$\text{石灰需要量}(\text{CaO kg/hm}^2) = \frac{c \times V \times 0.028 \times 2\,600\,000 \times 0.5}{m \times K} \tag{2-24}$$

式中　c——滴定用氢氧化钙标准溶液的浓度（mol/L）；

m——风干土样重（g）；

K——吸湿水系数；

0.028——氧化钙（1/2CaO）的摩尔质量（kg/mol）；

2 600 000——每公顷耕层（20cm）土壤的质量（kg）。

0.5——实验室测定条件与田间实际施用情况差异的校正系数。

（七）注意事项

氢氧化钙标准溶液需要在使用前标定。

（八）思考题

目前测定石灰需要量的方法有哪些优点？

实验十　土壤有机质的测定

一、土壤有机质测定

(一)基本原理

用定量的重铬酸钾-硫酸溶液，在电砂浴加热条件下，使土壤中的有机碳氧化，剩余的重铬酸钾用硫酸亚铁标准溶液滴定，并以二氧化硅为添加物做试剂空白标定，根据氧化前后氧化剂质量差值，计算出有机碳量，再乘以系数 1. 724，即为土壤有机质含量。

(二)适用范围

适用于各类土壤。

(三)主要设备

分析天平(0. 000 1 g)、电沙浴、磨口三角瓶(150 mL)、温度计(200～300℃)、小漏斗(曲颈 3cm)、滴定台、酸式滴定管(25 mL)。

(四)主要试剂

①0. 8000 mol · L^{-1} ($1/6K_2Cr_2O_7$)标准溶液：称取经 130℃烘干 3～4 h 的重铬酸钾($K_2Cr_2O_7$，分析纯)39. 224 5 g 溶于水中，定容于 1 L。

②0. 4 mol/L 重铬酸钾—硫酸溶液：称取重铬酸钾 39. 23 g，溶于 600～800 mL 蒸馏水中，待完全溶解后加水稀释至 1 L，将溶液移入 3 L 大烧杯中；另取 1 L 浓硫酸(比重为 1. 84)，缓慢倒入重铬酸钾水溶液中，不断搅拌，为避免溶液急剧升温，每加入 100 mL 硫酸后稍等片刻，并把大烧杯放在盛有冷水的盆内冷却，待溶液的温度降到不烫手时再继续加入硫酸。

③硫酸亚铁标准溶液：称取硫酸亚铁($FeSO_4 \cdot 7H_2O$，分析纯)56. 0 g 溶于水中，加浓硫酸 5 mL，搅拌均匀，加水定容至 1 L，贮于暗色瓶中，该溶液易受空气氧化，使用时必须每天标定一次准确浓度。

④邻菲罗啉指示剂：称取邻菲罗啉 1. 485 g 与 $FeSO_4 \cdot 7H_2O$ 0. 695 g，溶于 100 mL 蒸馏水中，该指示剂易变质，应密封保存于暗色瓶中。

⑤硫酸银(Ag_2SO_4，分析纯)，研成粉末。

(五)实验步骤

①准确称取过 0. 25 mm 筛的风干土 0. 05～0. 5 g(精确至 0. 000 1 g)，将土样移入 150 mL 三角瓶中(如含氯化物多的土样，需加粉末状 Ag_2SO_4 约 0. 1 g)，准确缓慢地加入 0. 4 mol/L 的重铬酸钾-硫酸溶液 10 mL，摇匀，加液时要避免将土粒冲溅到瓶的内壁上。瓶口处再加上一个小漏斗，把三角瓶放在已预热好(170～230℃)的电砂浴上加热，沸腾时开始计算时间。保持平缓地沸腾 5 min±0. 5 min。沸腾过程中如发现三角瓶内壁有土粒黏附，应轻轻摇动瓶子使下沉。

②消煮完毕后，将三角瓶从电砂浴上取下，冷却片刻，然后用蒸馏水冲洗小漏斗、三角瓶瓶口及内壁，洗涤液要流入原三角瓶，瓶内溶液的总体应控制在 50～80 mL 为宜。加

2~3 滴邻菲罗啉(菲罗啉)指示剂，用硫酸亚铁标准溶液滴定剩余的重铬酸钾。溶液的变色过程是由橙→蓝→棕红(终点)。如果滴定所用硫酸亚铁溶液的毫升数达不到下述空白标定所耗硫酸亚铁溶液的毫升数的 1/3，则应减少土壤称样量而重测。

③每批分析时，必须同时做 2~3 个空白标定：取大约 0.2 g 二氧化硅代替土壤，其他步骤与土样测定时相同。

(六)结果分析

$$有机质(g/kg) = \frac{(V_0 - V) \times C \times 0.003 \times 1.724 \times 1.08}{m} \times 1000 \qquad (2\text{-}25)$$

式中　V_0——空白滴定时所消耗硫酸亚铁溶液的体积(mL)；

V——土样测定时所消耗硫酸亚铁溶液的体积(mL)；

C——硫酸亚铁标准溶液的摩尔浓度；

0.003——1/4 碳原子的摩尔质量数(g/mol)；

1.724——土壤有机碳换算成土壤有机质的平均换算系数；

1.08——氧化校正系数(按回收率 92.6%计算)；

m——烘干土样质量。

(七)注意事项

①称样量的多少取决于土壤中有机质的含量：含有机质 10~20 g/kg 土样，取样在 0.4~0.5 g 之间；含量达到 80 g/kg 左右则不应超过 0.1 g。

②土壤中氯化物的存在可使结果偏高。因为氯化物也能被重铬酸钾所氧化，因此，盐土中有机质的测定必须防止氯化物的干扰，少量氯可加少量 Ag_2SO_4，使氯根沉淀下来(生成 AgCl)。

③对于水稻土、沼泽土和长期渍水的土壤，由于土壤中含有较多的 Fe^{2+}、Mn^{2+} 及其他还原性物质，它们也消耗重铬酸钾，会使结果偏高，对这些样品必须在测定前充分风干。一般可把样品磨细后，铺成薄薄一层，在室内通风处风干 10 d 左右即可使 Fe^{2+} 全部氧化。

④必须在试管内溶液表面开始沸腾才开始计算时间。掌握沸腾的标准尽量一致，然后继续消煮 5 min，消煮时间对分析结果有较大的影响，故应尽量计时准确。

⑤如有有机碳分析仪，可以更为简便地检测。

(八)思考题

有机碳分析仪测定有机质含量可能有哪些优势?

二、土壤腐殖质组成测定

(一)基本原理

用 0.1 mol/L 焦磷酸钠和 0.1 mol/L 氢氧化钠混合液处理土壤，能将土壤中难溶于水和易溶于水的结合态腐殖质络合成易溶于水的腐殖质钠盐，从而比较完全地将腐殖质提取出来。提取的腐殖质用重铬酸钾滴定法测定。

(二)适用范围

适用于各类森林土壤。

(三)主要设备

锥形瓶(250 mL)、水浴锅、分析天平(感量 0.000 1 g)。

(四)主要试剂

①0.1 mol/L 焦磷酸钠和 0.1 mol/L 氢氧化钠混合液：称取分析纯焦磷酸钠 44.6 g 和氢氧化钠 4 g 溶于水并定容至 1 L，此时溶液的 pH≈13。

②3 mol/L H_2SO_4：167.5 mL 浓硫酸缓缓注入水中，定容至 1 L。

③0.01 mol/L H_2SO_4：取 3 mol/L H_2SO_4 液 5 mL，再稀释至 1.5 L。

④0.02 mol/L NaOH：称取 0.8 g NaOH，加水溶解并定容至 1 L。

⑤其余试剂同土壤有机质的测定。

(五)实验步骤

①称取过 0.25 mm 筛的风干土样 2.50g，置于 250 mL 三角瓶中，用移液管准确加入 0.1 mol/L 焦磷酸钠和 0.1 mol/L 氢氧化钠混合液 50.00 mL，振荡 5 min，塞上橡皮套，然后静置 13~14 h(控制温度在 20℃左右)，旋即摇匀，用细孔滤纸过滤，收集滤液，弃残渣。(一定要清亮，如有浑浊，倒回重新过滤)。

②胡敏酸和富里酸总碳量的测定：吸取滤液 5.00 mL，移入 150 mL 三角瓶中，加 3 mol/L H_2SO_4 约 5 滴(调节 pH 为 7)至溶液出现浑浊为止，置于水浴锅上蒸干。加入 0.8000 mol/L (1/6$K_2Cr_2O_7$)标准溶液 5.00 mL，用注射筒迅速注入浓硫酸 5 mL，盖上小漏斗，在沸水浴上加热 15 min，冷却后加蒸馏水 50 mL 稀释，加邻菲罗林指示剂 3 滴，用硫酸亚铁标准溶液滴定(同土壤有机质测定)，同时作空白试验。

③胡敏酸(碳)量测定：吸取上述滤液 20.00 mL 于小烧杯中，置于沸水浴上加热，在玻棒搅拌下滴加 3 mol/L H_2SO_4 酸化(约 30 滴)，至有絮状沉淀析出为止，继续加热 10 min 使胡敏酸完全沉淀。过滤，以 0.01 mol/L H_2SO_4 洗涤滤纸和沉淀，洗至滤液无色为止(即富里酸完全洗去，沉淀物为胡敏酸)。以热的 0.02 mol/L NaOH 溶解沉淀，少量多次地洗涤溶解过滤，滤液收集于 150 mL 三角瓶中(切忌溶解液损失，一直到滤液无色为止)，吸取 10~15 mL 上述滤液，移入盛有少量石英砂的大试管中，用 3 mol/L H_2SO_4 调节 pH=7，使溶液出现浑浊为止，放在水浴上蒸干，然后按照重铬酸钾氧化外加热法测定胡敏酸(碳)含量。

(六)结果分析

$$\text{腐殖质全碳量}(\%)= c = \frac{c_1 \times V_1}{V_2 - V_0} \tag{2-26}$$

$$\text{胡敏酸碳含量}(\%)= c = \frac{c_1 \times V_1}{V_2 - V_0} \tag{2-27}$$

$$\text{富里酸碳含量}(\%)=\text{腐殖质全碳含量}(\%)-\text{胡敏酸碳含量}(\%) \tag{2-28}$$

式中 V_0——测定空白标定用去的硫酸亚铁体积(mL)；

V_1——测定腐殖质全量(胡敏酸和富里酸总碳量)滴定用去的硫酸亚铁体积(mL)；

V_2——测定胡敏酸碳量用去的硫酸亚铁体积(mL)；

0.003——1/4 碳原子的摩尔质量数(g/mol)；

0.800 0——1/6 $K_2Cr_2O_7$ 标准溶液的浓度；

5.0——空白所用 $K_2Cr_2O_7$ 毫升数；

m——风干土样质量；

1.08——氧化校正系数(按回收率92.6%计算)。

(七)注意事项

①在中和调节溶液pH时，只能用稀酸，并不断用玻棒搅拌溶液，然后用玻棒蘸少许溶液放在pH试纸上，看其颜色，从而达到严格控制pH。

②蒸干前必须将pH调至7，否则会引起碳损失。

(八)思考题

腐殖质一般可以分为哪几种形态?

实验十一　土壤氮的测定

一、全氮的测定

(一)基本原理

土壤中的全氮在加速剂的参与下，用浓硫酸消煮，转化为铵态氮，用氢氧化钠碱化，加热蒸馏出来的氨用硼酸吸收，用酸标准溶液滴定，求出土壤全氮含量(未包括硝态氮和亚硝态氮)。包括硝态氮和亚硝态氮的土壤全氮的测定，在样品消煮前，需先用高锰酸钾将样品中的亚硝态氮氧化为硝态氮后，再用还原铁粉使硝态氮和亚硝态氮还原，转化成铵态氮。

(二)适用范围

本标准适用于森林土壤全氮的测定。

(三)主要设备

天平(感量 0.01 g)、天平(感量 0.000 1 g)、半自动定氮仪或全自动定氮仪、控温消煮炉。

(四)主要试剂

(1)消解加速剂：硫酸钾(K_2SO_4)与五水硫酸铜($CuSO_4 \cdot 5H_2O$)以 10 : 1 混合，于研钵中研细，必须充分混合均匀。

(2)硫酸(H_2SO_4)，ρ=1.84 g/mL。

(3)盐酸(HCl)，ρ=1.19 g/mL。

(4)10 mol/L 氢氧化钠溶液：称取 400.0 g 氢氧化钠(NaOH)溶于水中，并稀释至 1 L。

(5)0.1 mol/L 氢氧化钠溶液：称取 0.40 g 氢氧化钠溶于水，定容到 100 mL。

(6)甲基红-溴甲酚绿混合指示剂：称取 0.50 g 溴甲酚绿($C_{21}H_{14}Br_4O_5S$)及 0.10 g 甲基红($C_{15}H_{15}N_3O_2$)于玛瑙研钵中研细，用少量 95% 乙醇(C_2H_5OH)研磨至全部溶解，用 95%乙醇定容到 100 mL，该指示剂储存期不超过 2 个月。

(7)硼酸-指示剂溶液：称取 10.0 g 硼酸(H_3BO_3)，溶于 1 L 水中。使用前，每升硼酸溶液中加 5.0 mL 甲基红-溴甲酚绿混合指示剂，并用 0.1 mol/L 氢氧化钠溶液调节至红紫色(pH 值约 4.5)。此液放置时间不宜超过 1 周，如在使用过程中 pH 值有变化，需随时用稀酸或稀碱调节。

(8)0.1 mol/L 硼砂溶液：称取 9.534 g 硼砂($Na_2B_4O_7 \cdot 10H_2O$)溶于水，移入 500 mL 容量瓶中，用水定容至刻度。

(9)0.02 mol/L 硼砂标准溶液：将 0.1 mol/L 硼砂溶液准确稀释 5 倍。

(10)0.1 mol/L 盐酸溶液或硫酸溶液：吸取 8.4 mL 盐酸，用水定容到 1 L。或吸取 5.4 mL 硫酸，缓缓加入 200 mL 水中，定容到 1 L。

(11)0.02 mol/L 盐酸或硫酸标准溶液：将 0.1 mol/L 的盐酸溶液或硫酸溶液准确稀释 5 倍，获得 0.02 mol/L 的盐酸或硫酸标准溶液，用硼砂标准溶液标定。

标定：吸取 20.0 mL 0.02 mol/L 硼砂标准溶液于 100 mL 锥形瓶中，加 1 滴甲基红溴甲酚绿混合指示剂，用盐酸或硫酸标准溶液滴定至溶液由蓝色变为紫红色为终点。同时做空白试验。盐酸标准溶液的浓度按下式计算：

$$c = \frac{c_1 \times V_1}{V_2 - V_0} \tag{2-29}$$

式中　c——盐酸标准溶液浓度(mol/L)；

c_1——硼砂标准溶液浓度(mol/L)；

v_1——硼砂标准溶液体积(mL)；

V_2——盐酸标准溶液体积(mL)；

V_0——空白试验消耗盐酸标准溶液体积(mL)。

(12)高锰酸钾溶液：称取 25.0 g 高锰酸钾($KMnO_4$)溶于 500 mL 水中，贮于棕色瓶中。

(13)1∶1 硫酸：硫酸与水体积比为 1∶1，均匀混合。

(14)辛醇：$C_3(C_2H_5)C_5H_{10}OH$。

(15)还原铁粉(Fe)，磨细通过孔径 0.149 mm 筛。

(五)实验步骤

(1)土样消煮

不包括硝态氮和亚硝态氮的消煮：称取通过 0.149 mm 筛孔的风干土约 1.0 g(精确至 0.000 1 g)(含氮约 1 mg)，将土样送入干燥的消化管底部(勿将样品黏附在瓶壁上)，加入 2 g 加速剂，摇匀，加数滴水使样品湿润，然后加 5.0 mL 浓硫酸。将消煮管接上回流装置或插上弯颈玻璃漏斗后置于控温消煮炉上，用小火 200℃加热(温度升到 200℃开始计时)，20 min 后，加强火力至 375℃，并以 H_2SO_4 蒸汽在瓶颈上部 1/3 处冷凝回流为宜，待消煮液和土粒全部变成灰白稍带绿色后，再继续消煮 1 h 后关闭电源，冷却，待蒸馏。

包括硝态氮和亚硝态氮的消煮：称取过 0.149 mm 筛的风干土样约 1.0 g(精确至 0.000 1 g)(含氮约 1 mg)，将土样送入干燥的消化管底部(勿将样品黏附在瓶壁上)，加 1.0 mL 高锰酸钾溶液，摇动消化管，再缓缓加入 2.0 mL 1∶1 硫酸，不断转动消化管，然后放置 5 min，再加入 1 滴辛醇。通过长颈漏斗将 0.5 g±0.01 g 还原铁粉送入消化管底部，瓶口盖上小漏斗，转动消化管，使铁粉与酸接触，待剧烈反应停止时(约 5 min)，将消化管置于控温消煮炉上缓缓加热 45 min(瓶内土液应保持微沸，以不引起大量水分丢失为宜)。待消化管冷却后，加 2.0 g 加速剂和 5.0 mL 硫酸，摇匀。按不包括硝态氮和亚硝态氮消煮的步骤消煮至土液全部变为黄绿色，再继续消煮 1 h。消煮完毕，冷却，待蒸馏。

(2)空白溶液的制备

空白溶液的制备除不加土样外，其他步骤同(1)。

(3)测定

①半自动定氮仪

蒸馏和滴定：蒸馏前先按仪器使用说明书检查定氮仪，并用去离子水空蒸至盐酸消耗量小于 0.4 mL 以下，将管道清洗干净。往 150 mL 锥形瓶中加 10.0 mL 硼酸-指示剂溶液，置于定氮仪冷凝管下端，管口插入硼酸溶液中，以免吸收不完全。将消化管接到定氮仪上，加入 20 mL 氢氧化钠溶液进行蒸馏，待馏出液体积约 50 mL 时，即蒸馏完毕。用 0.02 mol/L 盐酸或硫酸标准溶液滴定馏出液，由蓝绿色刚变为紫红色且 0.5 min 不褪色时为终点。记录所用酸标准溶液的体积(mL)。空白测定所用酸标准溶液的体积，一般不得超过 0.4 mL。

②全自动定氮仪：参照仪器说明，在仪器设定中设定加入 50 mL 水、40 mL 氢氧化钠溶液和 25 mL 硼酸-指示剂溶液，输入土样质量、标准酸浓度，将消化管置于自动定氮仪上进行蒸馏、滴定，同时先做空白溶液试验测定，空白所用标准溶液的体积，仪器自动扣除空白值，自动计算和记录样品含氮量，测定完毕可直接打印测定结果。

(六)结果计算

$$W_N = \frac{(V - V_0) \times c \times 0.014}{m \times k_1} \times 10^3 \tag{2-30}$$

$$k_1 = \frac{\text{烘干土重(g)}}{\text{风干土重(g)}} \tag{2-31}$$

式中　W_N——全氮含量(g/kg)；

V——滴定样品溶液所用盐酸标准溶液的体积(mL)；

V_0——滴定空白溶液所用盐酸标准溶液的体积(mL)；

c——盐酸标准溶液的浓度(mol/L)；

0.014——氮原子的毫摩尔质量(g/mmol)；

m——风干土样质量(g)；

k_1——由风干土样换算成烘干土样的水分换算系数。

(七)注意事项

本试验允许偏差按表 2-9 规定：

表 2-9　试验允许偏差

测定值(g/kg)	允许偏差(g/kg)	测定值(g/kg)	允许偏差(g/kg)
>5	0.30~0.15	1~0.5	0.05~0.03
5~1	0.15~0.05	<0.5	<0.03

二、水解性氮的测定(碱解扩散法)

(一)基本原理

用 1.8 mol/L 氢氧化钠溶液处理土壤，在扩散皿中，土壤于碱性条件下进行水解，使易水解态氮经碱解转化为铵态氮，扩散后由硼酸溶液吸收，用标准酸滴定，计算碱解氮的含量。如果森林土壤硝态氮含量较高，需加还原剂还原。而森林土壤的潜育土由于硝态氮含量较低，不需加还原剂，因此氢氧化钠溶液浓度可降低到 1.2 mol/L。

(二)适用范围

本标准适用于森林土壤水解性氮的测定。

(三)主要设备

天平(感量 0.01 g)、天平(感量 0.000 1 g)、恒温培养箱。

（四）主要试剂

（1）1.8 mol/L 氢氧化钠溶液：称取 72.0 g 氢氧化钠（NaOH）溶于水，定容至 1 L。

（2）1.2 mol/L 氢氧化钠溶液：称取 48.0 g 氢氧化钠（NaOH）溶于水，定容至 1 L。

（3）锌-硫酸亚铁还原剂：称取磨细并通过 0.25 mm 筛孔的硫酸亚铁（$FeSO_4 \cdot 7H_2O$）50.0 g 及 10.0 g 锌粉（Zn）混匀，贮于棕色瓶中。

（4）碱性胶液：称取 40.0 g 阿拉伯胶和 50 mL 水在烧杯中，调匀，加热到 60～70℃，冷却。加入 40 mL 甘油（$C_3H_8O_3$）和 20 mL 饱和碳酸钾（K_2CO_3）水溶液，搅匀，冷却。离心除去不溶物（最好放置在盛有浓硫酸的干燥器中以除去氨）。

（5）0.01 mol/L 盐酸标准溶液：量取 100.0 mL 的 0.1 mol/L 盐酸溶液，用水定容至 1 L。盐酸标准溶液的标定同全氮测定。

（6）甲基红-溴甲酚绿混合指示剂，同全氮测定。

（7）硼酸-指示剂溶液，同全氮测定。

（五）实验步骤

（1）称取过 2 mm 筛的风干土样 1.00～2.00 g（精确至 0.01 g）均匀地平铺于扩散皿外室，在土壤外室内加 1 g 锌-硫酸亚铁还原剂平铺土样上（若为潜育土壤无须加还原剂）。同样做试剂空白作参比。

（2）加 3.0 mL 20 g/L 硼酸-指示剂溶液于扩散皿内室。

（3）在扩散皿外室边缘上方涂碱性胶液，盖好毛玻璃并旋转数次，使毛玻璃与扩散皿边完全黏合。然后慢慢转开毛玻璃的一边，使扩散皿的一边露出一条狭缝，在此缺口加入 10.0 mL 1.8 mol/L 氢氧化钠溶液于扩散皿的外室，立即用毛玻璃盖严。由于碱性胶液的碱性很强，在涂胶液时，必须细心，慎防污染内室造成误差。

（4）水平地轻轻转动扩散皿，使外室溶液与土样充分混合，然后小心地用橡皮筋二根交叉成十字形圈紧，使毛玻璃固定。放在恒温箱中，于 40℃ 保温 24 h，在此期间应间歇地水平轻轻转动 3 次。

（5）用 0.01 mol/L 盐酸标准溶液滴定内室硼酸中吸收的氨量，颜色由蓝变紫红，即达终点。滴定时应用细玻璃棒搅动内室溶液，不宜摇动扩散皿，以免溢出，接近终点时可用玻璃棒稍蘸滴定管尖端的标准酸溶液，以防滴过终点。

（6）在样品测定同时进行试剂空白和标准土样的测定。

（六）结果计算

$$W_N = \frac{(V - V_0) \times c \times 14}{m \times k_1} \times 10^3 \qquad (2-32)$$

式中　W_N——水解性氮含量（mg/kg）；

V——滴定样品所用盐酸标准溶液体积（mL）；

V_0——滴定空白所用盐酸标准溶液体积（mL）；

c——盐酸标准溶液的浓度（mol/L）；

m——风干土样质量（g）；

k_1——由风干土样换算成烘干土样的水分换算系数；

14——氮原子的摩尔质量（mg/mmol）。

(七)注意事项

本试验允许偏差按下表 2-10 规定：

表 2-10 试验允许偏差

测定值(mg/kg)	允许偏差
>200	相对偏差<5%
200~50	绝对偏差 10~2.5(mg/kg)
<50	绝对偏差<2.5(mg/kg)

三、硝态氮的测定(酚二磺酸比色法)

(一)基本原理

土样用饱和硫酸钙溶液浸提后，取部分浸提液在微碱性条件下蒸发至干，残渣用酚二磺酸处理，此时硝态氮即与酚二磺酸生成硝基酚二磺酸，此反应必须在无水条件下才能迅速完成。反应产物在酸性介质中无色，碱化后则为稳定的黄色盐溶液，可在 420 nm 波长处比色测定。

(二)适用范围

本标准适用于森林土壤硝态氮的测定。

(三)主要设备

天平(感量 0.01 g)、天平(感量 0.000 1 g)、往复振荡机(振荡频率 150~180 r/min)、紫外/可见分光光度计、水浴锅、瓷蒸发皿。

(四)主要试剂

粉状硫酸钙($CaSO_4 \cdot 2H_2O$)，粉状碳酸钙（$CaCO_3$)，粉状氢氧化钙($Ca(OH)_2$)，粉状碳酸镁($MgCO_3$)，粉状硫酸银(Ag_2SO_4)，活性炭(不含 NO_3-N，用以除去有机质的颜色)，1 : 1 氨水(浓氨水($NH_3 \cdot H_2O$，26%)与水体积比为 1 : 1，均匀混合)，硝态氮标准溶液(称取 105℃烘干 2 h 的硝酸钾(KNO_3，优级纯)0.722 0 g 溶于水，定容至 1 L，此为 100 mg/L 硝态氮溶液[$\rho(NO_3\text{-}N)$= 100 mg/L]。将此溶液准确稀释 10 倍，即为硝态氮标准溶液[$\rho(NO_3\text{-}N)$= 10 mg/L])，酚二磺酸试剂(称取 25.0 g 白色苯酚(C_6H_5OH)在 500 mL 锥形瓶中，加入 225.0 mL 浓硫酸(H_2SO_4)，混匀，瓶口松松地加塞，置于沸水浴中加热 6 h。试剂冷却后可能析出结晶，用时需重新加热溶解，但不可加水。试剂必须贮于密闭的玻璃棕色瓶中，严防吸湿。)

(五)实验步骤

(1)土壤样品的制备

测定硝态氮和铵态氮的土壤样品，若在采样 3 d 内分析测定，则可保存在 4℃条件下，否则应在-20℃条件下储存待测。

(2)待测液的制备

称取过 2 mm 筛的新鲜土样 50.00 g 于 500 mL 浸提瓶中，加 0.5 g 硫酸钙和 250.0 mL 水，用振荡机振荡 30 min，将悬液上清液用干滤纸过滤，澄清的滤液用干燥洁净的瓶收集。如果滤液因有机质而呈现颜色，可加活性炭除之。

(3)空白溶液的制备

空白溶液的制备除不加土样外，其他步骤同上。

(4)标准曲线

分别吸取 10 mg/L 硝态氮标准溶液 0.00 mL、1.00 mL、2.00 mL、5.00 mL、10.00 mL、15.00 mL、20.00 mL 于蒸发皿中，加 0.05 g 碳酸钙，在水浴上蒸干，到达干燥时不应继续加热。冷却，迅速加入 2.0 mL 酚二磺酸试剂，将蒸发皿旋转，使试剂充分接触蒸干物。静止 10 min 使充分作用后，加 20.0 mL 水，用玻璃棒搅拌直到蒸干物全部溶解。冷却后缓缓加入 1：1 氨水，并不断搅拌，至溶液呈微碱性(溶液显黄色)，且多加 2.0 mL，以保证氨水试剂过量。然后将溶液完全地转移入 100mL 容量瓶中，加水定容，获得的标准系列溶液浓度为 0.00 mg/L、0.10 mg/L、0.20 mg/L、0.50 mg/L、1.00 mg/L、1.50 mg/L、2.00 mg/L。在分光光度计上用 1 cm 比色皿在波长 420 nm 处进行比色，以 0.00 mg/L 标准溶液为参比溶液调节仪器零点，由低到高测定标准系列浓度的吸光值。

(5)测定

吸取待测液 25~50 mL(含硝态氮 20~150 mg/L)于蒸发皿中，加 0.05 g 碳酸钙，在水浴上蒸干，到达干燥时停止加热。冷却，迅速加入 2.0 mL 酚二磺酸试剂，将蒸发皿旋转，使试剂充分接触蒸干物。静置 10 min 使充分作用后，加 20 mL 水，用玻璃棒搅拌直到蒸干物全部溶解。冷却后缓缓加入 1：1 氨水，并不断搅拌，至溶液呈微碱性(溶液显黄色)，且多加 2.0 mL，以保证氨水试剂过量。然后将溶液完全地转移入 100 mL 容量瓶中，加水定容。在分光光度计上用 1 cm 比色皿在波长 420 nm 处进行比色。

(六)结果计算

$$W_N = \frac{(c - c_0) \times V \times t_s}{m \times k_2} \tag{2-33}$$

$$t_s = \frac{\text{待测液体积(mL)}}{\text{吸取待测液体积(mL)}} \tag{2-34}$$

$$k_2 = \frac{\text{烘干土质量(g)}}{\text{鲜土质量(g)}} \tag{2-35}$$

式中　W_N——硝态氮(NO_3^--N)含量(mg/kg)；

c——从工作曲线上获得的待测液的硝态氮浓度(mg/L)；

c_0——从工作曲线上获得的空白溶液的硝态氮浓度(mg/L)；

V——显色液体积(100mL)；

t_s——分取倍数；

m——鲜土土样质量(g)；

k_2——由鲜土土样换算成烘干土样的水分换算系数。

允许偏差：两次测定结果允许相对偏差小于 8%。

四、铵态氮的测定(靛酚蓝比色法)

(一)基本原理

用2 mol/L KCl浸提土壤，把吸附在土壤胶体上的NH_4^+及水溶性NH_4^+浸提出来。土壤浸提液中的铵态氮在强碱性介质中与次氯酸盐和苯酚作用，生成水溶性染料靛酚蓝。在含氮0.05~0.5 mol/L的范围内，吸光度与铵态氮含量呈正比，可用比色法测定。

(二)适用范围

本标准适用于森林土壤铵态氮的测定。

(三)主要仪器

天平(感量0.01 g)、天平(感量0.000 1 g)、往复振荡机(振荡频率150~180 r/min)、紫外/可见分光光度计。

(四)主要试剂

(1)2 mol/L氯化钾溶液

称取氯化钾(KCl)149.0 g溶于水中，定容至1 L。

(2)苯酚溶液

称取10.0 g苯酚(C_6H_5OH)和100 mg硝普钠($Na_2[Fe(CN)_5NO]\cdot 2H_2O$)用水溶解后，稀释至1 L。此试剂不稳定，须贮于棕色瓶中，在4℃冰箱中保存。亚硝基铁氰化钠有剧毒，此试剂的使用和废液的处理应慎重。

(3)次氯酸钠碱性溶液

称取10.0 g氢氧化钠(NaOH)、7.06 g磷酸氢二钠($Na_2HPO_4\cdot 7H_2O$)、31.8 g磷酸钠($Na_3PO_4\cdot 12H_2O$)溶于水中，再加入10 mL次氯酸钠溶液(NaClO，称取5.25 g次氯酸钠溶于100 mL水中获得的溶液)，稀释至1 L，贮于棕色瓶中，在4℃冰箱中保存。

(4)掩蔽剂

称取40.0 g酒石酸钾钠($KNaC_4H_4O_6\cdot 4H_2O$)溶于100 mL水，再称取10.0 g EDTA二钠盐($C_{10}H_{14}O_8N_2Na_2$)溶于100 mL水中，然后将两种溶液等体积混合。每100 mL混合液中加入0.5 mL 10 mol/L氢氧化钠。

(5)铵态氮标准溶液

称取105℃烘干2 h的硫酸铵[$(NH_4)_2SO_4$，优级纯]0.471 7 g溶于水中，定容至1 L，制备成含铵态氮的贮存溶液[$\rho(NH_4^+-N)=100$ mg/L]；使用前将其加水稀释40倍，即为铵态氮标准溶液[$\rho(NH_4^+-N)=2.5$ mg/L]。

(五)实验步骤

(1)待测液的制备

称取过2 mm筛的新鲜土样20.00 g于200 mL浸提瓶中，加入100 mL氯化钾溶液，加塞，放在振荡机上振荡1 h，用干滤纸过滤，如不能在24 h内分析，需置于冰箱中存放(如果土壤NH_4^+-N含量低，可将液土比改为2.5∶1)。

(2)空白溶液的制备

空白溶液的制备除不加土样外，其他步骤同上。

(3)标准曲线

分别吸取0.00 mL、2.00 mL、4.00 mL、6.00 mL、8.00 mL、10.00 mL铵态氮标准液于50 mL容量瓶中，各加10 mL氯化钾溶液，标准系列溶液浓度为0.00 mg/L、0.10 mg/L、0.20 mg/L、0.40 mg/L、0.50 mg/L，然后加入苯酚溶液5.0 mL和次氯酸钠碱性溶液5 mL，摇匀。在20℃左右的室温下放置1 h后，加掩蔽剂1.0 mL以溶解可能产生的沉淀物，然后用水定容至刻度。用1 cm比色皿在625 nm波长处(或红色滤光片)进行比色，以0.00 mg/L标准溶液为参比溶液调节仪器零点，由低到高测定标准系列待测液的吸收值。

(4)测定

吸取土壤浸出液2~10 mL(含NH_4^+-N 2~25 μg)放入50 mL容量瓶中，用氯化钾溶液补充至10 mL，然后加入苯酚溶液5.0 mL和次氯酸钠碱性溶液5.0 mL，摇匀。在20℃左右的室温下放置1 h后，加掩蔽剂1.0 mL以溶解可能产生的沉淀物，然后用水定容至刻度。用1 cm比色皿在625 nm波长处(或红色滤光片)进行比色，测定待测液空白溶液和待测液的吸光值。

(六)结果计算

$$W_N = \frac{(c - c_0) \times V \times t_s}{m \times k_2} \tag{2-36}$$

式中　W_N——铵态氮(NH_4^+-N)含量(mg/kg)；

c——由标准曲线上获得的待测液的铵态氮的浓度(mg/L)；

c_0——由标准曲线上获得的空白溶液的铵态氮的浓度(mg/L)；

V——显色液的体积(mL)；

t_s——分取倍数；

m——鲜土土样质量(g)；

k_2——将鲜土土样换算成烘干土样的水分换算系数。

五、注意事项

在测定过程中，根据实验条件，还可以选择采用连续流动分析法、间断化学分析仪测定法等更为简便快速的方法。

六、思考题

1. 土壤速效氮的测定中，浸提剂的选择主要根据是什么?
2. 测定土壤速效氮时，哪些因素影响分析结果?

实验十二 土壤磷的测定

一、土壤全磷的测定

(一)方法原理

土壤样品与氢氧化钠熔融，使土壤中含磷矿物及有机磷化合物全部转化为可溶性的正磷酸盐，用水和稀硫酸溶解熔块，在规定条件下样品溶液与钼锑抗显色剂反应，生成磷钼蓝，用分光光度法测定。

(二)主要设备

银坩埚或镍坩埚(50 mL)、分光光度计、高温电炉。

(三)主要试剂

①2 mol/L 氢氧化钠溶液：80.0 g 氢氧化钠溶于水，用水定容到 1 L。

②4.5 mol/L 硫酸溶液：量取 250 mL 浓硫酸，缓缓注入 750 mL 水中，并用水定容至 1 L。

③0.5 mol/L 硫酸溶液：量取 28 mL 浓硫酸，缓缓注入水中，并用水定容至 1 L。

④1：1 盐酸溶液：盐酸与水体积比为 1：1，均匀混合。

⑤5 g/L 酒石酸锑钾溶液($KSbOC_4H_4O_6 \cdot 1/2H_2O$)：称取酒石酸锑钾 0.5 g 溶于 100 mL 水中。

⑥钼锑贮存溶液：浓硫酸 153 mL 缓慢倒入约 400 mL 蒸馏水中，同时搅拌，放置冷却。另称 10 g 钼酸铵($[(NH_4)_6Mo_7O_{24} \cdot 4H_2O]$)溶于约 60℃的 300 mL 蒸馏水中，冷却。将配好的硫酸溶液缓缓倒入钼酸铵溶液中，同时搅拌。随后加入 100 mL 5 g/L 酒石酸锑钾溶液，最后用蒸馏水稀释至 1 L。避光贮存，此溶液于 4 ℃可保存 2 个月。

⑦钼锑抗显色剂：1.50 g 抗坏血酸($C_6H_8O_6$，左旋，旋光度+21°～+22°)加入 100 mL 钼锑贮存液中。此液须随配随用。

⑧2，4 二硝基酚(或 2，6-二硝基酚)指示剂：0.2 g 2，4-二硝基酚(或 2，6-二硝基酚)指示剂溶于 100 mL 水中。

⑨磷标准储备溶液：0.439 4 g 磷酸二氢钾(优级纯)于 105 ℃烘干 2 h，用水溶解后，加入 5 mL 浓硫酸，用水定容到 1 L，浓度为 100 mg/L，此溶液在 4℃下可保存 6 个月。

⑩5 mg/L 磷标准溶液：吸取 5 mL 磷标准储备溶液于 100 mL 容量瓶中，加水至标度，浓度为 5 mg/L 磷标准溶液，此溶液不宜久存，现配现用。

(四)实验步骤

①待测液的制备：称取通过 100 目筛(0.149 mm)的风干土壤样品 0.2 g 于银坩埚底部(切勿黏在壁上)，用几滴无水乙醇湿润样品，然后加 2 g 固体氢氧化钠，平铺于样品的表面，暂时放在干燥器中以防吸水潮解。将坩埚放在高温电炉内，由室温升到 400 ℃，保温 15 min，上升到 750 ℃，保温 15 min，取出冷却。加 10 mL 水，在电炉上加热至 80 ℃左右，熔块溶解后再微沸 5 min，将坩埚内的溶液转入 50 mL 容量瓶中，用热水及 2 mL

4. 5 mol/L 硫酸多次洗涤坩埚并倒入容量瓶内，使总体积约至 40 mL，最后往容量瓶中加 5 滴 1∶1 盐酸溶液及 5 mL 4. 5 mol/L 硫酸溶液，摇动后冷却至室温，用水定容，摇匀后静置澄清或用无磷滤纸过滤，待测。同时做空白溶液。

②测定：吸取上述待测液和空白液 2 mL~10 mL（含磷 5~25 μg/mL）于 50 mL 容量瓶中，加水至 15~20 mL，加 2，4-二硝基酚（或 2，6-二硝基酚）指示剂 1 滴，用稀碱或稀酸溶液调节 pH 至溶液刚呈淡黄色。然后加入钼锑抗显色剂 5 mL，摇匀，用水定容。在室温高于 20 ℃的条件下放置 30 min 后，显蓝色。在分光光度计 700 nm 波长处比色，以 0 mg/L 标准溶液为参比溶液调剂仪器零点，然后测定空白溶液和待测液的吸收值。在工作曲线上查出空白液和待测液的磷浓度。颜色在 8 h 内可保持稳定。

③工作曲线的绘制：分别吸取 5 mg/L 磷标准溶液 0 mL、1 mL、2 mL、3 mL、4 mL、5 mL、6 mL 于 50 mL 容量瓶中，加水至 15~20 mL，加 2，4-二硝基酚（或 2，6-二硝基酚）指示剂 1 滴，用稀碱或稀酸溶液调节 pH 至溶液刚呈淡黄色。然后加入钼锑抗显色剂 5 mL，摇匀，用水定容。在室温高于 20 ℃的条件下放置 30 min 后。获得 0 mg/L、0. 1 mg/L、0. 2 mg/L、0. 3 mg/L、0. 4 mg/L 、0. 5 mg/L、0. 6 mg/L 系列标准溶液，在分光光度计上用波长 700 nm 比色，以 0 mg/L 标准溶液为参比溶液调剂仪器零点，由低到高测定标准系列待测液的吸收值。

（五）结果分析

$$W_{\mathrm{p}} = \frac{(c - c_0) \times V \times t_s}{m \times k \times 1\,000} \qquad (2\text{-}37)$$

$$t_{\mathrm{s}} = \frac{\text{待测液体积(mL)}}{\text{吸取待测液体积(mL)}} \qquad (2\text{-}38)$$

$$k = \frac{\text{烘干土样质量(g)}}{\text{风干土样质量(g)}} \qquad (2\text{-}39)$$

式中　W_p——土壤全磷的含量(g/kg)；

c——从工作曲线上查得溶液中磷的浓度(mg/L)；

c_0——从标准曲线上查得的空白溶液中磷的浓度(mg/L)；

V——显色液体积(mL)；

t_s——分取倍数；

m——风干土样质量(g)；

k——由风干土壤换算成烘干土样的水分换算系数。

（六）注意事项

①氢氧化钠不能用沸水提取，否则会造成激烈的沸腾，使溶液溅失，只有在 80℃左右待其溶解后再煮沸几分钟，这样提取更加完全。

②要求吸取待测液中含磷 5~25 μg/mL，事先可以吸取一定量的待测液，显色后用目测法观察颜色深度，然后估算出应该吸取待测液的毫升数。

二、土壤有效磷的测定

（一）方法原理

在酸性环境中，正磷酸根和钼酸铵反应生成磷钼杂多酸络合物[$H_3P(Mo_3O_{10})$]，在锑试剂存在下，用抗坏血酸将其还原生成蓝色的络合物再进行比色。

（二）适用范围

本方法适用于森林土壤有效磷含量测定。

（三）主要仪器

往复振荡机、电子天平（感量 0.01 g）、分光光度计、三角瓶（250 mL、100 mL）、烧杯（100 mL）、移液管（10 mL、50 mL）、容量瓶（50 mL）、吸耳球、漏斗（60 mL）、滤纸、擦镜纸、小滴管。

（四）主要试剂

（1）0.5 mol/L 碳酸氢钠浸提液：称取化学纯碳酸氢钠 42.0 g 溶于 800 mL 水中，以 0.5 mol/L 氢氧化钠调节 pH 至 8.5，洗入 1000 mL 容量瓶中，定容至刻度，贮存于试剂瓶中。此溶液贮存于塑料瓶中比在玻璃瓶中容易保存，若贮存超过 1 个月，应检查 pH 值是否改变。

（2）无磷活性炭：活性炭常常含有磷，应做空白试验，检查有无磷存在。如含磷较多，须先用 2 mol/L 盐酸浸泡过夜，用蒸馏水冲洗多次后，再用 0.5 mol/L 碳酸氢钠浸泡过夜，在平瓷漏斗上抽气过滤，每次用少量蒸馏水淋洗多次，并检查到无磷为止。如含磷较少，则直接用碳酸氢钠处理即可。

（3）磷（P）标准溶液：准确称取 45 ℃烘干 4~8 h 的分析纯磷酸二氢钾 0.219 7 g 于小烧杯中，以少量水溶解，将溶液全部洗入 1000 mL 容量瓶中，用水定容至刻度，充分摇匀，此溶液即为含 50 mg/L 的磷基准溶液。吸取 50 mL 此溶液稀释至 500 mL，即为 5 mg/L 的磷标准溶液（此溶液不能长期保存）。比色时按标准曲线系列配制。

（4）硫酸钼锑贮存液：取蒸馏水约 400 mL，放入 1000 mL 烧杯中，将烧杯浸在冷水中，然后缓缓注入分析纯浓硫酸 208.3 mL，并不断搅拌，冷却至室温。另称取分析纯钼酸铵 20 g 溶于约 60℃的 200 mL 蒸馏水中，冷却。然后将硫酸溶液徐徐倒入钼酸铵溶液中，不断搅拌，再加入 100 mL 0.5%酒石酸锑钾溶液，用蒸馏水稀释至 1000 mL，摇匀贮于试剂瓶中。

（5）二硝基酚指示剂：称取 0.25 g 二硝基酚溶于 100 mL 蒸馏水中。

（6）显色剂：在 100 mL 钼锑贮存液中，加入 1.5 g 左旋（旋光度+21~+22°）抗坏血酸，此试剂有效期 24 h，宜用前配制。

（五）操作步骤

（1）称取通过 2 mm 筛的风干土样 5 g（精确至 0.01 g）于 200 mL 三角瓶中，准确加入 0.5 mol/L 碳酸氢钠溶液 100 mL，再加一小角勺无磷活性炭，塞紧瓶塞，在振荡机上振荡 30 min（振荡机速率为 150~180 次/min），立即用无磷滤纸干过滤，滤液承接于 100 mL 三角瓶中。最初 7~8 mL 滤液弃去。

（2）吸取滤液 10 mL（含磷量高时吸取 2.5~5 mL；同时应补加 0.5 mol/L 碳酸氢钠溶液

至10 mL)于50 mL量瓶中，加硫酸钼锑抗混合显色剂5 mL充分摇匀，排出二氧化碳后加水定容至刻度，再充分摇匀。

(3)显色30 min后，在分光光度计上比色(波长660 nm)，同时做空白测定。

(4)磷标准曲线绘制：分别吸取5 mg/L磷标准溶液0 mL、1 mL、2 mL、3 mL、4 mL、5 mL于50 mL容量瓶中，每一容量瓶即为0 mg/L、0.1 mg/L、0.2 mg/L、0.3 mg/L、0.4 mg/L、0.5 mg/L磷，再逐个加入0.5 mol/L碳酸氢钠10 mL和硫酸-钼锑抗混合显色剂5 mL，然后同待测液一样进行比色。绘制标准曲线。

(六)结果计算

$$W_{P} = \frac{(c - c_0) \times V \times t_s}{m \times k} \tag{2-40}$$

式中 W_P——有效磷(P)含量(mg/kg)；

c——从标准曲线上获得的待测液的磷浓度(μg/mL)；

c_0——从标准曲线上获得的空白溶液的磷浓度(μg/mL)；

V——显色液体积(50 mL)；

t_s——分取倍数；

m——风干土样质量(g)；

k——由风干土样换算成烘干土样的水分换算系数。

(七)允许偏差

本试验允许偏差见表2-11。

表2-11 试验允许偏差

测定值(mg/kg)	允许偏差	测定值(mg/kg)	允许偏差
>25	相对偏差<10%	10~2.5	绝对偏差1.0~0.5 mg/kg
25~10	绝对偏差2.5~1.0 mg/kg	<2.5	绝对偏差<0.5 mg/kg

(八)注意事项

(1)活性炭一定要洗至无磷无氯反应。

(2)钼锑抗混合剂的加入量要十分准确，特别是钼酸量的大小，直接影响着显色的深浅和稳定性。标准溶液和待测液的比色酸度应保持基本一致，它的加入量应随比色时定容体积的大小按比例增减。

(3)温度的大小影响着测定结果。提取时要求温度在25 ℃左右。室温太低时，可将容量瓶放入40~50 ℃的烘箱或热水中保温20 min，稍冷却后方可比色。

(4)在测定过程中，根据实验条件，还可以选择采用连续流动分析法、间断化学分析仪测定法等更为简便快速的方法。

实验十三　土壤钾的测定

一、土壤全钾的测定

(一)方法原理

土壤样品经强碱熔融，难溶性硅酸盐分解成可溶性化合物，土壤矿物晶格中的钾转变成可溶性钾形态，同时土壤中不溶性磷酸盐也转变成可溶性磷酸盐，用稀硫酸溶液溶解熔融物后，即为可同时测定全钾和全磷的待测液。

(二)适用范围

本标准适用于森林土壤全钾的测定。

(三)主要设备

火焰光度计、银坩埚或镍坩埚(50 mL)、高温电炉、容量瓶、电子天平(感量 0.000 1 g)。

(四)主要试剂

(1)氢氧化钠(分析纯)

(2)无水乙醇(分析纯)

(3)1∶1 盐酸(化学纯)

(4)4.5 mol/L 硫酸溶液：量取 250 mL 浓硫酸，缓缓注入于水中，并用水定容至 1 L。

(5)钾标准溶液：0.190 7 g 氯化钾(优级纯)于 105 ℃烘 2 h 后溶于水，定容至 1 L，即为 100 mg/L 钾标准溶液，存于塑料瓶中。

(五)实验步骤

(1)待测液的制备。称取通过 100 目筛(0.149 mm)的风干土壤样品 0.25 g 于银坩埚底部(切勿黏在壁上)，用几滴无水乙醇湿润样品，然后加 2 g 固体氢氧化钠，平铺于样品的表面，暂时放在干燥器中以防吸水潮解。将坩埚放在高温电炉内，由室温升到 400 ℃后关闭电源，15 min 后再继续升温至 750 ℃，保温 15 min 后关闭电源，打开炉门，待温度降到 400 ℃以下取出冷却。在冷却后的坩埚内加 10 mL 水，在电炉上加热至 80 ℃左右，熔块溶解后再微沸 5 min，将坩埚内的溶液转入 50 mL 容量瓶中，用热水和 2 mL 4.5 mol/L 浓硫酸多次洗涤坩埚并倒入容量瓶内，使总体积约至 40 mL，最后往容量瓶中加 5 滴 1∶1 盐酸溶液及 5 mL 4.5 mol/L 硫酸溶液，摇动后冷却至室温，用水定容，摇匀后静置澄清或用无磷滤纸过滤，待测。

(2)测定。吸取待测液 5~10 mL 于 50 mL 容量瓶中(含钾 10~50 mg/L)用水定容，直接在火焰光度计上测定，记录读数。从工作曲线上查得测读液的钾浓度(μg/mL)。

(3)标准曲线的绘制。分别吸取钾标准溶液 0 mL、2.5 mL、5 mL、10 mL、20 mL、30 mL 于 50 mL 容量瓶中，加入氢氧化钠 0.40 g 和 4.5 mol/L 硫酸溶液 1.0 mL，使标准溶液中的离子成分和待测液相近，用水定容至 50 mL，得 0 mg/L、5 mg/L、10 mg/L、20 mg/L、40 mg/L、60 mg/L 标准系列溶液。用 0 mg/L 钾标准溶液调火焰光度计上检流计读数为零，60 mg/L 钾标准溶液调火焰光度计上检流计读数为 100，然后由稀到浓依序测定钾标准系列溶液的检流计读数。以检流计读数为纵坐标，钾浓度为横坐标，绘制工作曲线。

(六)结果分析

$$W_k = \frac{(c - c_0) \times V \times t_s}{m \times k \times 1000} \tag{2-41}$$

$$t_s = \frac{\text{待测液体积(mL)}}{\text{吸取的测液体积(mL)}} \tag{2-42}$$

$$k = \frac{\text{烘干土样质量(g)}}{\text{风干土样质量(g)}} \tag{2-43}$$

式中　W_K——土壤全钾的含量(g/kg)；

c——从工作曲线上查得溶液中钾的浓度(mg/L)；

c_0——从标准曲线上查得的空白溶液中钾的浓度(mg/L)；

V——待测液定容体积(mL)；

t_s——分取倍数；

m——风干土样质量(g)；

k——由风干土壤换算成烘干土样的水分换算系数。

二、土壤速效钾的测定

(一)方法原理

以中性 1 mo/L NH_4OAc 溶液为浸提剂，NH_4^+与土壤胶体表面的 K^+进行交换，连同水溶性的 K 一起进入溶液，浸出液中的钾可用火焰光度计直接测定。

(二)主要仪器

天平(感量 0. 01 g、0. 000 1 g)、振荡机、火焰光度计、三角瓶(250 mL、100 mL)、漏斗(60 mL)、滤纸、角匙、吸耳球、移液管(50 mL)

(三)主要试剂

(1)中性 1. 0 mol/L NH_4OAc 溶液：称 77. 08 g NH_4OAc 溶于近 1 L 水中，用稀 HOAc 或 NH_4OH 调节至 pH 7. 0，用水定容至 1 L。

(2)K 标准溶液：称取 0. 190 7 g KC1 溶于 1 mol/L NH_4OAc 溶液中，完全溶解后用 1 mol/L NH_4OAc 溶液定容至 1 L，即为 100 mg/L K 的标准溶液。用时分别吸取此 100 mg/L K 标准液 0 mL、2 mL、5 mL、10 mL、20 mL、40 mL 放入 100 mL 容量瓶中，用 1 mol/L NH_4OAc 定容，即得 0 mg/L、2 mg/L、5 mg/L、10 mg/L、20 mg/L、40 mg/L K 标准系列溶液。

(四)操作步骤

称取风干土样(2 mm 孔径)5 g(精确至 0. 01 g)于 150 mL 三角瓶中，加 1 mol/L NH_4OAc 溶液 50. 0 mL(土液比为 1∶10)，用橡皮塞塞紧，在 20~25 ℃下振荡 30 min 用干滤纸过滤，滤液与钾标准系列溶液一起在火焰光度计上进行测定，根据待测液的读数值计算出相对应的每升毫克数，并计算出土壤中速效钾的含量。

（五）结果计算

$$W_{K1} = \frac{(c - c_0) \times V}{m \times k} \tag{2-44}$$

式中 W_{K1}——速效钾（K）含量（mg/kg）；

c——从标准曲线上获得的待测液的钾浓度（mg/L）；

c_0——从标准曲线上获得的空白溶液的钾浓度（mg/L）；

V——浸提剂体积（50 mL）；

m——风干土样质量（g）；

k——风干土样换算成烘干土样的水分换算系数。

（六）允许偏差

本试验允许偏差见表 2-12。

表 2-12 试验允许偏差

测定值（mg/kg）	允许偏差
>200	相对偏差<5%
200~50	绝对偏差 10~2.5 mg/kg
<50	绝对偏差<2.5 mg/kg

三、土壤缓效钾的测定

（一）方法原理

缓效钾主要指层状硅酸盐矿物层间和颗粒边缘的那一部分钾。用 1 mol/L 热 HNO_3 可以把这部分钾浸提出来，因它是速效钾的贮备仓库，因而与作物生长的相关性好。该法测出的钾为酸溶性钾，酸溶性钾与速效钾的差值即为土壤缓效性钾含量。

（二）试剂配制

（1）1 mol/L HNO_3 浸提剂：取浓硝酸（三级，密度 1.42 g/mL）62.5 mL，用水稀释至 1 L。

（2）0.1 mol/L HNO_3 洗涤液：取 1 mol/L HNO_3 溶液 100 mL，用水稀释至 1 L。

（3）K 标准溶液：准确称取 0.1907 g KCl 二级，在 110 ℃烘 2 h，溶于水中，定容至 1 L，即为 100 mg/L 标准液，将 100 mg/L 标准溶液配制成 5 mg/L、10 mg/L、20 mg/L、30 mg/L、50 mg/L K 标准系列溶液。其中标准系列溶液应含有与待测液相同量的 HNO_3，以抵消待测液中硝酸的影响。

（三）实验步骤

称取过 2 mm 筛的风干土样 2.5 g（精确至 0.01g）于 100 mL 硬质试管（消煮用长试管），加入 1 mol/L HNO_3 25 mL，摇匀，试管口加一小漏斗。放入油浴锅内加热煮沸 10 min 后取下（从沸腾开始准确计时，140℃放入 130℃开始煮）。取出，稍冷，趁热过滤于 100 mL 容量瓶，用 0.1 mol/L HNO_3 溶液洗涤土壤和试管（每次大约 15 mL）。冷却后定容，用火焰光度计直接测定。

标准曲线的绘制：将含有相同 HNO_3 量的钾标准系列溶液中浓度最大的一个(50 mg/L K)定到火焰光度计上检流计的满度(100)上，然后从稀到浓依次进行测定，记录检流计的读数。以检流计读数为纵坐标，钾的浓度为横坐标，绘制标准曲线。

(四)结果计算

$$W_{K2} = \frac{(c - c_0) \times V}{m \times k} - W_{K1} \tag{2-45}$$

式中　W_{K2}——缓效钾(K)含量(mg/kg)；

c——从标准曲线上获得的待测液的钾浓度(mg/L)；

c_0——从标准曲线上获得的空白溶液的钾浓度(mg/L)；

V——待测液体积(100 mL)；

m——风干土样质量(g)；

k——风干土样换算成烘干土样的水分换算系数；

W_{K1}——速效钾(K)含量(mg/kg)。

允许偏差：平行测定结果允许相对偏差小于8%。

四、思考题

1. 用1 mol/L NH_4Ac 浸提剂测出的钾是哪两种形态的钾？
2. 简述火焰光度法测定速效钾的基本原理。

实验十四 土壤微量元素测定

一、钙、镁的测定

(一)基本原理

土壤样品采用氢氟酸-高氯酸消解法制备待测液，用原子吸收分光光度法测定钙、镁含量，并加入适量氯化锶，以克服磷、铝及高含量钛、硫的干扰。

(二)适用范围

适用于各类森林土壤。

(三)主要设备

聚四氟乙烯坩埚、电热沙浴、原子吸收分光光度计、分析天平、烧杯。

(四)主要试剂

①3 mol/L 盐酸溶液：1 份盐酸与 3 份水混合。

②20 g/L 硼酸溶液：20.0 g 硼酸溶于水，定容至 1 L。

③2 mol/L 硝酸溶液：1 份硝酸与 7 份水混合。

④90 g/L 氯化锶溶液：90.0 g 氯化锶，加水溶解后，定容至 1 L。(此液含锶约 30 000 mg/L)

⑤钙标准溶液：准确称取 2.497 g 在 110℃干燥过的碳酸钙(优级纯)，溶解于少量盐酸(1∶1)中，赶走二氧化碳后，用去离子水准确地稀释到 1 L。钙标准溶液浓度为 1000 mg/L。

⑥镁标准溶液：准确称取 1.000 g 金属镁(光谱纯)，溶解于少量盐酸(1∶1)中，用去离子水准确稀释至 1 L。镁标准溶液浓度为 1000 mg/L。

⑦无水碳酸钠：用时烘干研磨。

⑧1∶1 盐酸溶液：浓盐酸与水等体积混合。

(五)实验步骤

①样品消解：称取研磨通过 0.149 mm 尼龙筛的风干土样 0.500 0 g，精确至 0.000 1 g，放入聚四氟乙烯坩埚，加 15 mL 硝酸和 2.5 mL 高氯酸，置于电热沙浴上，在通风橱中消煮至微沸，待硝酸被赶尽、部分高氯酸分解出大量的白烟、样品成糊状时，取下冷却。加入 5 mL 氢氟酸和 0.5 mL 高氯酸，置于 200~225℃沙浴上加热，待硅酸盐分解后，继续加热至残渣溶解(如残渣溶解不完全，应将溶液蒸干，再加氢氟酸 3~5 mL，高氯酸 0.5 mL，继续消解)，取下冷却后，加 20 g/L 硼酸溶液 2 mL，用水定量转入 250 mL 容量瓶中，定容，待测，同时制备试剂空白溶液。

②钙、镁测定溶液的准备：取一定量的土壤消解液，用水稀释至使钙、镁离子浓度相当于钙、镁标准系列溶液的浓度范围。定容前在待测液中加入 2 mol/L 硝酸溶液和 90 g/L 氯化锶溶液各 10 mL，使待测液的酸度达到 0.126%~0.200%，锶浓度为 3000 mg/mL。

③测定条件：a. 钙测定：空心阴极灯电流 4 mA；测定波长 422.7 nm；灯高 0.4 mm；单色光器狭缝 0.05 mm；光电倍增管电压-650 V；空气流量 12 L/min；乙炔流量 1.8 L/min。

b. 镁测定：空心阴极灯电流 3.5 mA；测定波长 285.2 nm；光电倍增管电压-720V；空气流量 12 L/min；乙炔流量 1.5 L/min.

④测定：根据选定条件调节仪器各部分，开动仪器，预热 10～30 min，然后开动空气压缩机，并调节空气流量达到规定流量，再开乙炔气块，调节乙炔流量计达到规定要求，立即点火，再精细调节到选定流量，待火焰稳定 10 min 后，即可在 422.7 nm(钙)、285.2 nm(镁)波长处测定待测液中的钙和镁。用试剂空白溶液调吸收值到零，然后直接测定吸光值。

⑤钙、镁混合工作曲线的绘制：准确吸取 1000 mg/L 钙、镁标准溶液各 10 mL，分别移入 100 mL 容量瓶中，用水稀释定容，此为 100 mg/L 钙、镁标准工作溶液。再吸取 100 mg/L 钙标准工作溶液 0 mL、2.5 mL、5.0 mL、7.5 mL、10 mL 分别于 100 mL 容量瓶中，加入 2 mol/L 硝酸溶液和 90 g/L 氯化锶溶液各 10 mL，用水定容。此标准系列溶液含钙 0 mg/L、2.5 mg/L、5.0 mg/L、7.5 mg/L、10 mg/L。

吸取 100 mg/L 镁标准工作溶液 0 mL、0.25 mL、0.5 mL、0.75 mL、1.0 mL 分别于 100 mL 容量瓶中，加入 2 mol/L 硝酸溶液和 90 g/L 氯化锶溶液各 10 mL，用水定容。此标准系列溶液含镁 0 mg/L、0.25 mg/L、0.5 mg/L、0.75 mg/L、1.0 mg/L。

在原子吸光分光光度计上由低到高浓度测定吸收值，用方格纸绘制工作曲线。

(六)结果分析

$$W_{Ca、Mg}(g/kg)=\frac{c \times V \times t_s}{m(1-H)} \times 10^{-3} \tag{2-46}$$

$$t_s=\frac{\text{待测液体积(mL)}}{\text{吸取待测液体积(mL)}} \tag{2-47}$$

式中　$W_{Ca、Mg}$——土壤钙、镁的含量(g/kg)；

c——从工作曲线上查得待测元素(Ca 或 Mg)的浓度(mg/L)；

t_s——分取倍数；

V——消解液定容体积(mL)；

m——土壤样品质量(g)；

$1-H$——将风干土变为烘干土的转换因数；

H——风干土中水分含量百分率。

(七)注意事项

无。

(八)思考题

无。

二、铁、锌、铜、锰的测定

(一)基本原理

土壤样品加混合酸，经电热板、微波消解仪或全自动消解仪消解后，用电感耦合等离子体发射光谱仪进行检测。消解后的样品进入等离子体发射光谱仪的雾化器中被雾化，由氩载气带入等离子体火炬中，目标元素在等离子体火炬中被气化、电离、激发并辐射出特征谱线。特征谱线的强度与样品中待测元素的含量在一定浓度范围内呈正比。

(二)适用范围

适用于各类土壤。

(三)主要设备

电感耦合等离子体发射光谱仪、电热板、微波消解仪。

(四)主要试剂

①氢氟酸(优级纯)

②高氯酸(优级纯)

③盐酸(优级纯)

④双氧水(优级纯)

⑤硝酸溶液(1+99)：取 10 mL 硝酸(优级纯)，缓慢加入 990 mL 水中，混匀。

⑥元素标准储备液：用高纯度金属(纯度大于 99.99%)或金属盐类(基准或高纯试剂)，配制成 100 mg/L 或 1000 mg/L 含硝酸溶液的铜、锌、铁和锰标准溶液，溶液酸度保持在 1%(v/v)以上。或使用经国家认证并授予标准物质证书的标准溶液。

⑦标准系列溶液的配制：精确吸取适量元素标准储备液，用硝酸溶液(1+99)逐级稀释配制成混合标准溶液系列，各元素质量浓度见表 2-13，依据样品溶液中元素质量浓度，可适当调整标准系列各元素质量浓度范围。

表 2-13　标准溶液系列质量浓度

元素	标准系列质量浓度(mg/L)					
	系列 1	系列 2	系列 3	系列 4	系列 5	系列 6
Cu	0	0.05	0.50	1.00	5.00	10.0
Zn	0	0.05	0.50	1.00	5.00	10.0
Fe	0	0.50	5.00	10.0	50.0	100
Mn	0	0.05	0.50	1.00	5.00	10.0

(五)实验步骤

①样品全自动消解：准确称取过 100 目(0.149 mm)筛孔的风干土 0.1~0.5 g(精确至 0.000 1 g)于全自动消解仪配套的聚四氟乙烯消解罐内，用少量水湿润，将消解罐置于自动消解仪的消解罐孔中，在全自动消解仪的软件中设置好样品位置，参照仪器清单，设置工作程序，启动已编辑好的工作程序(表 2-14)，样品消解过程将自动完成。同时制备空白试样。

表 2-14　自动消解仪工作程序

程序设置步骤	方法内容	程序设置步骤	方法内容
1	加入 10 mL 硝酸，4 mL 氢氟酸	6	加热到 180℃，维持 30 min
2	60%强度下振荡 1 min	7	冷却 30 min
3	加热到 140℃，维持 60 min	8	加入 0.5 mL 硝酸
4	加入 2 mL 高氯酸	9	加入 20 mL 水，用水定容到 50 mL
5	加热到 160℃，维持 60 min		

②仪器参考条件：不同型号的仪器最佳测试条件不同，根据仪器说明书要求优化测定条件，并根据样品基本情况选择合适的分析谱线。仪器参考测量条件及推荐波长见表 2-15 和表 2-16。待仪器预热至各项指标稳定后开始进行测量。

表 2-15　电感耦合等离子体光谱仪操作参考条件

功率（kW）	观测方式	等离子气流量（min）	辅助气流量（min）	冲洗泵速（r/min）	分析泵速（r/min）	雾化器压力（kPa）	清洗时间（s）
1.15	铜、锌、锰水平观测，铁垂直观测	12	0.5	100	50	200	28

表 2-16　元素测定推荐波长及干扰元素

测定元素	推荐波长	干扰元素
Cu	324.75/327.393	Fe、Al、Ti、Mo
Zn	202.548	Co、Mg
	206.200	Ni、La、Bi
	213.856	Ni、Cu、Fe、Ti
Fe	238.204	
	239.924	Cr、W
	240.488	Mo、Co、Ni
	259.940	Mo、W
	261.762	Mg、Cu、Be、Mn
Mn	257.610	Fe、Mg、Al、Ce
	259.372	Fe
	293.306	Al、Fe

③标准曲线的绘制：将标准系列溶液从低到高浓度依次通过蠕动泵等量提取导入电感耦合等离子体发射光谱仪中，测定待测元素分析谱线的强度信号响应值，以待测元素的质量浓度为横坐标，待测元素的信号响应值为纵坐标，绘制标准曲线。

④测定：将空白溶液和样品溶液分别通过蠕动泵等量提取导入电感耦合等离子体发射光谱仪中，测定待测元素的信号响应值，根据标准曲线得到消解液中待测元素的质量浓度。实验过程中，若待测元素浓度超出校正曲线范围，样品需稀释后重新测定。

（六）结果分析

$$W_{(\text{Cu、Zn、Fe、Mn})}=\frac{(\rho-\rho_0)\times V\times t_s}{m\times k} \tag{2-48}$$

$$t_s=\frac{\text{分取后测定试液的定容体积(mL)}}{\text{分取试液的体积(mL)}} \tag{2-49}$$

式中　W——土壤全量元素质量分数(mg/kg)；

ρ——待测液中被测元素的质量浓度(mg/L)；

ρ_0——空白试样中被测元素的质量浓度(mg/L)；

V——试样的定容体积(mL)；

t_s——分取倍数；

m——风干土样的质量(g)；

k——风干土壤样品质量换算成烘干土样质量的水分换算系数。

(七)注意事项

无。

(八)思考题

无。

实验十五　土壤水溶性盐分的测定

土壤水溶性盐是盐碱土的一个重要属性，是限制作物生长的一个障碍因素。分析土壤中可溶性盐分的阴、阳离子含量，和由此确定的盐分类型和含量，可以判断土壤的盐渍化状况和盐分动态，以作为盐碱土分类和利用改良的依据。

一、待测液的制备

（一）基本原理

土壤样品和水按一定的水土比例混合，经过一定时间振荡后，将土壤中可溶性盐分提取到溶液中，然后将水土混合液进行过滤，滤液可作为土壤可溶盐分测定的待测液。

（二）适用范围

适用于各种土壤。

（三）主要仪器

往复式电动振荡机、离心机、真空泵、天平（感量 0.000 1 g）、巴氏漏斗、广口塑料瓶（1000 mL）。

（四）实验步骤

称取通过 1 mm 筛孔的风干土样 100.0 g 放入 1000 mL 广口塑料瓶浸提瓶中，加入去 CO_2 水 500 mL，用橡皮塞塞紧瓶口，在振荡机上振荡 3 min，立即用抽滤管（或漏斗）过滤，最初约 10 mL 滤液弃去。如滤液浑浊，则应重新过滤，直到获得清亮的浸出液。清液存于干净的玻璃瓶或塑料瓶中，不能久放。

（五）注意事项

电导、pH、CO_3^{2-}、HCO_3^- 离子等项测定，应立即进行，其他离子的测定最好都能在当天做完。如不用抽滤，也可用离心分离，分离出的溶液必须清晰透明。

二、土壤水溶性总盐量的测定

（一）基本原理

取一定量的待测液蒸干后，再在 105～110 ℃烘干，称至恒重，称为“烘干残渣总量”，它包括水溶性盐类及水溶性有机质等的总和。用 H_2O_2 除去烘干残渣中的有机质后，即为水溶性盐总量。

（二）适用范围

适用于各类土壤。

（三）主要设备

电热板、水浴锅、干燥器、瓷蒸发皿、分析天平（感量 0.000 1 g）。

（四）主要试剂

①2% Na_2CO_3：2.0 g 无水 Na_2CO_3 溶于少量水中，稀释至 100 mL。

②15%H_2O_2：15 mL H_2O_2 稀释至 100 mL。

(五)实验步骤

吸出清晰的待测液 50 mL，放入已知质量的烧杯或瓷蒸发皿(m_1)中，移放在水浴(或沙浴)上蒸干。取下后用胶头滴管加入少量 10%~15%的 H_2O_2，转动铝盒，使残渣与 H_2O_2 充分接触，再放在水浴(或沙浴)上蒸干，如此反复处理，直至残渣完全变白为止。将蒸干(烤干)的残渣放入 105~110 ℃烘干 4 h，取出，放在干燥器中冷却约 30 min，在分析天平上称重。再重复烘 2 h，冷却，称至恒重(m_2)，前后两次重量之差不得大于 1 mg。

(六)结果分析

$$水溶性盐总量(g/kg)\ \frac{m_1 - m_2}{m} \times 1000 \qquad (2-50)$$

式中　m——与吸取浸出液相当的土壤样品质量(g)；

m_1——蒸发皿质量(g)；

m_2——全盐量加蒸发皿质量(g)。

(七)注意事项

①残渣烘干法测定全盐量时，吸出浸提液的量应视土壤盐分含量而定，土壤含盐量小于 0.5%者，需吸取浸提液 50~100 mL。

②加入过氧化氢去除有机质时，每次加入量只要使残渣湿润即可，以免过氧化氢分解时泡沫过多而使盐分溅失。

(八)思考题

无。

三、钙和镁离子的测定

(一)基本原理

EDTA 能与多种金属阳离子在不同的 pH 条件下形成稳定的络合物，而且反应与金属阳离子的价数无关。用 EDTA 滴定钙、镁时，应首先调节待测液的适宜酸度，然后加钙、镁指示剂进行滴定。在 pH=10 时，有大量铵盐存在时，将指示剂加入待测液后，首先与钙、镁离子形成红色络合物，使溶液呈红色或紫红色。当用 EDTA 进行滴定时，由于 EDTA 对钙、镁离子的络合能力远比指示剂强，因此在滴定过程中，原先为指示剂所络合的钙、镁离子即开始为 EDTA 所夺取，当溶液由红色变为蓝色时，即达到滴定终点。钙、镁离子全部被 EDTA 络合。在 pH=12 时，无铵盐存在时，待测液中镁将沉淀为氢氧化镁。故可用 EDTA 单独滴定钙，仍用酸性铬蓝 K-萘酚绿 B 作指示剂，终点由红色变为蓝色。

(二)适用范围

适用于各类土壤。

(三)主要设备

磁搅拌器、半微量滴定管(10 mL)。

(四)主要试剂

①0. 01mol/L EDTA 标准溶液：称取 3. 720 g EDTA 二钠盐溶解于无二氧化碳的蒸馏水中，微热溶解，冷却后定容到 1 L，再用标准钙标定。

②氨缓冲液：称取氯化铵 33. 75 g，溶于 150 mL 去 CO_2 蒸馏水中，加浓氢氧化铵(比

重0.90)285 mL混合，然后加水稀释至500 mL，此溶液pH为10。

③K-B指示剂：先称取50 g无水硫酸钾放在玛瑙研钵中研细，然后分别称取0.5 g酸性铬蓝K，1 g萘酚绿B，放于玛瑙研钵中，继续进行研磨，混合均匀。

④铬黑T指示剂：0.5 g铬黑T与100 g烘干的NaCl共研至极细，贮于棕色瓶中。

⑤钙指示剂：0.5 g钙指示剂($C_{21}H_{14}O_7N_2S$)与50 g NaCl研细混匀，贮于棕色瓶中。

⑥2 mol/L NaOH溶液：0.8 g NaOH溶于100 mL去CO_2蒸馏水中。

(五)实验步骤

①Ca^{2+}+Mg^{2+}含量的测定：吸取待测液25.00 mL于150 mL三角瓶中，加pH10氨缓冲液2 mL，摇匀后加K-B指示剂或铬黑T指示剂1小勺(约0.1g)，用EDTA标准溶液滴定至由酒红色突变为纯蓝色为终点。记录EDTA溶液的用量为V_1。

②Ca^{2+}的测定：另吸取土壤浸出液25 mL于三角瓶中，加1∶1HCl 1滴，充分摇动煮沸1 min赶出CO_2，冷却后，加2mol/L NaOH 2 mL，摇匀，用EDTA标准溶液滴定，接近终点时须逐滴加入，充分摇动，直至溶液由酒红色突变为纯蓝色，记录EDTA溶液的体积为V_2。

(六)结果分析

$$土壤Ca^{2+}(me/100g)=(V_2 \times M \times 2)/V \times 100 \times (水/土) \tag{2-51}$$

$$土壤中Ca^{2+}\%=(V_2 \times M \times 2)/V \times 100 \times Ca/2000 \times (水/土) \tag{2-52}$$

$$土壤Mg^{2+}(me/100g)=[(V_1-V_2) \times M \times 2]/V \times 100 \times (水/土) \tag{2-53}$$

$$土壤中Mg^{2+}\%=[(V_1-V_2) \times M \times 2]/V \times 100 \times Mg/2000 \times (水/土) \tag{2-54}$$

式中 V_1，V_2——滴定(Ca^{2+}+Mg^{2+})和Ca^{2+}时所消耗的EDTA标准液mL数；

M——EDTA的摩尔浓度(mol/L)；

V——吸取浸提液的体积(mL)；

2——克分子浓度换算成当量浓度的系数。

(七)注意事项

无。

(八)思考题

无。

四、钠和钾离子的测定

(一)方法原理

待测液在火焰高温激发下，辐射出钾、钠元素的特征光谱，通过钾、钠滤光片，经光电池或光电倍增管，把光能转换为电能，放大后用微电流表指示其强度；从钾钠标准液浓度和检流计读数作的工作曲线，即可查出待测液的钾、钠浓度，然后计算样品的钾、钠含量。

(二)适用范围

适用于各种土壤。

(三)主要设备

火焰光度计。

（四）主要试剂

①1000 mg/L Na 标准溶液：2.542 g NaCl（二级，105℃ 烘干），溶于少量水中，定容至 1 L。

②1000 mg/L K 标准溶液：1.907 g KCl（二级，105℃烘干），溶于少量水中，定容至 1 L。

③Na、K 混合标准液：将 1000 mg/L Na 和 K 标准溶液等体积混合，即得 500 mg/L 的 Na、K 混合液，贮于塑料瓶中，应用时配制成 0 mg/L、5 mg/L、10 mg/L、20 mg/L、30 mg/L、50 mg/L、70 mg/L 的 Na 和 K 混合标准系列溶液。

（五）实验步骤

将配制好的 Na、K 混合标准系列溶液在火焰光度计上分别测定 Na 和 K 的发射光强度，以水为空白参比液，分别绘制 Na 和 K 的工作曲线。吸取土壤浸出液 5.00～10.00 mL（视 Na^+含量而定）于 25 mL 容量瓶中，用水定容，用火焰光度计测定 Na 和 K 的发射光强度。由测得结果分别在 Na 和 K 工作曲线上查 Na、K 的浓度（mg/L）。

（六）结果分析

$$土壤\ Na^+(\%) = 查得\ Na\ 浓度\ mg/L \times 25/V \times (水/土) \times 10^{-4} \quad (2-55)$$

$$Na^+(mmol/kg) = Na\% \times 1000/23.0 \quad (2-56)$$

$$土壤\ K^+(\%) = 查得\ K\ 浓度\ mg/L \times 25/V \times (水/土) \times 10^{-4} \quad (2-57)$$

$$K^+(mmol/kg) = K^+\% \times 1000/39.1 \quad (2-58)$$

式中 V——吸取土壤浸出液的体积（mL）；

25——定容体积（mL）；

10^{-4}——将 mg/L 换算成%的因数；

23.0，39.1——Na^+和 K^+的毫摩尔质量（mg/mmol）。

（七）注意事项

无。

（八）思考题

无。

实验十六　土壤有效养分的联合浸提

(一)方法原理

常规浸提剂只能提取某一养分，为了提高测试工作效率，国内外科学家一直在探索能浸提多种土壤有效养分的通用浸提剂或联合浸提剂、多元素浸提剂等，主要包括 DTPA、Morgan 试剂、Mehlich 3 试剂(M3)、ASI 浸提剂等，其中 M3、ASI 这两种联合浸提剂适用于各种土壤。M3 浸提剂中的 0.2 mol/L HOAc-0.25 mol/L NH_4NO_3 形成了 pH2.5 的强缓冲体系，并可以浸提出交换性 K、Ca、Mg 、Fe、Mn、Cu、Zn 等阳离子；0.015mol/L NH_4F-0.013 mol/L NHO_3 可调控 P 从 Ca、Al、Fe 无机磷源中的解吸；0.001 mol/LEDTA 可浸出螯合态 Cu、Zn、Mn、Fe 等。因此，M3 浸提剂可以浸提土壤中的有效 P、K、Ca、Mg、S、Fe、Mn、Cu、Zn、B、Mo 等多种营养元素。

(二)适用范围

适用于各种土壤。

(三)主要设备

恒温振荡机(温度控制 25 ℃±1 ℃)

(四)主要试剂

①NH_4F-EDTA 贮备液：称取 NH_4F(分析纯)138.9 g 溶于 600 mL 去离子水中，再加入 EDTA(分析纯)73.1 g，溶解后用去离子水定容至 1 L，充分混匀后贮存于塑料瓶中(4℃保存，可长期使用)，如工作量不大可按比例缩小贮备液数量。

②M3 浸提液：用 1 L 或 2 L 容量瓶准确量取 2 L 去离子水，加入 5 L 塑料桶中，称取 NH_4NO_3(分析纯)100.0 g，使之溶解，加入 20 mL NH_4F-EDTA 贮备液，再加入冰醋酸(17.4 mol/L，分析纯)57.5 mL 和浓 NHO_3(15.8 mol/L，分析纯)4.1 mL，用 1 L 容量瓶加水定容至 5 L，充分混匀。此溶液 pH 应为 2.5±0.1，贮存于塑料瓶中备用。

(五)试验步骤

称取 5 g 风干土样(过 2 mm 尼龙筛)于塑料杯中，加入 50 mL M3 浸提剂，盖严后于往复振荡机上振荡 5 min，然后干过滤，收集滤液于 50 mL 塑料瓶中。整个浸提过程应在恒温条件下进行，温度控制在 25 ℃±1 ℃。

不同元素的测定方法同其他浸提剂提取液的测定方法一致。

(六)注意事项

①M3 法的土壤浸出液常带颜色，有粉红色、淡黄色或橙黄色，深浅不一，因土而异。粉红色可能与 Mn 含量高或浸提出的某些有机物质有关，黄色可能与 Fe 含量高或有机物质有关。

②注意浸提温度的控制。冬季气温较低时，可采取一些保温措施。

③玻璃器皿不会造成污染，但橡皮塞尤其是新橡皮塞会引起严重的 Zn 污染，建议最好使用塑料瓶盛液。如果同时测定大量与微量元素，玻璃、塑料器皿最好事先用 0.2% $AlCl_3 \cdot 6H_2O$ 或 8%~10% HCl 溶液浸泡过夜，洗净后备用，以防微量元素的污染。

(七) 思考题

查阅相关资料，掌握当前常用的联合浸提剂的配方及使用方法，思考不同联合浸提剂的优缺点。

实验十七 土壤铝的分级

(一)方法原理

元素可利用性和生物有效性，一般不取决于总量，而与其存在形式或化学形态有关。铝是地壳中最丰富的金属元素，也是组成土壤无机矿物的主要元素，铝毒害被认为是酸性土壤上植物生长的主要限制因素之一，不同形态的铝对植物的影响存在显著差异。土壤铝主要以氧化铝、有机复合态铝、无机复合态铝、无机铝单体等形式存在。不同形态的铝可以通过不同浸提剂提取出来，然后测定铝的含量。铝的分级主要有单步提取法、连续提取法。

(二)主要设备

摇床、分光光度计。

(三)主要试剂

①1 mol/L 氯化钾(KCl)。

②0.5 mol/L 氯化铜（$CuCl_2$）。

③0.1 mol/L 焦磷酸钠($Na_4P_2O_7$)。

④0.2 mol/L 草酸铵[$(NH_4)_2C_2O_4$]。

⑤0.5 mol/L 氢氧化钠($NaOH$)。

⑥其他铝含量测定试剂，请参照铬天青-S 分光光度法和铝试剂分光光度法。

(四)实验步骤

(1)单步提取法。铝形态的单独提取以常用的选择性溶解方法单独提取土壤中各种形态铝，提取方法见表 2-17：

表 2-17 土壤中铝形态的单步提取

铝形态	提取剂	土液比	震荡时间 液体分离
交换态铝(Al_k)	1 mol/L 氯化钾(KCl)	5 g : 30 mL	振荡 30 min(提取重复 4 次)，3000 r/mim 离心 15 min 后过滤
弱有机结合态铝($AlCu$)	0.5mol/L 氯化铜（$CuCl_2$）	5 g : 50 mL	振荡 5 min，平衡 12 h，然后再次震荡 30 min，直接过滤
强有机结合态铝(Alp)	0.1 mol/L 焦磷酸钠($Na_4P_2O_7$)	1 g : 100 mL	振荡 16 h，2500 r/mim 离心 15 min 后过滤
活性态铝(Al_o)	0.2 mol/L 草酸铵[$(NH_4)_2C_2O_4$]	1 g : 50 mL	黑暗中振荡 4 h，2500 r/mim 离心 15 min 后过滤
非晶态铝(Al_n)	0.5 mol/L 氢氧化钠($NaOH$)	1 g : 100 mL	振荡 16 h，2500 r/mim 离心 15 min 后过滤

注：Al_k：可交换铝；

Al_p-Al_{Cu}：有机态结合铝，稳定性逐步降低；

Al_o-Al_p：非结晶态铝(Al in allophane and imogolite)

Al_n-Al_o：结晶态铝

(2)连续提取法。以改进的连续分级提取方法，可以区分土壤中铝的存在形态，提取方法见表 2-18：

表 2-18 土壤中铝形态的连续分级提取

铝形态	提取剂	土液比	提取条件
交换态铝	1 mol/L 氯化钾(KCl)	1：25	振荡 1 h，2500 rpm 离心 15 min
弱有机结合态铝	0. 5mol/L 氯化铜（$CuCl_2$）	1：20	振荡 2 h，2500 rpm 离心 15 min
强有机结合态铝	0. 1 mol/L 焦磷酸钠($Na_4P_2O_7$)	1：100	振荡 16h，2500 rpm 离心 15 min
非晶态铝	0. 2 mol/L 草酸铵[$(NH_4)_2C_2O_4$]	1：50	黑暗中振荡 4h，2500 rpm 离心 15 min 后过滤
晶态铝	0. 5mol/L 氢氧化钠($NaOH$)	1：100	振荡 16 h，2500 rpm 离心 15 min 后过滤

连续提取法与单步提取相比，除了前两步在振荡时间和土液比有少许不同，其他都一致，提取液过程一直处于 50 mL 的塑料管中，每次提取完成上清液转移至塑料管中，贮藏在 4 ℃冰箱中代用。

(3)测定。从 4 度冰箱中，取出提取液，用等离子光谱法或铝试剂比色法测定铝的浓度，详细方法参照土壤农业化学分析方法(鲁如坤，2000)。

(五)结果分析

$$w=\frac{(c-c_0)\times t_s}{m\times 10^3} \tag{2-59}$$

式中 w——土壤不同形态铝的含量(g/kg)；

c——从工作曲线上查得溶液中铝的浓度(mg/L)；

c_0——从标准曲线上查得的空白溶液中铝的浓度(mg/L)；

V——测读液定容体积(mL)；

t_s——分取倍数；

m——风干土样质量。

(六)注意事项

有条件的情况下采用等离子光谱法测定铝比较简便。

实验十八　土壤阳离子交换量的测定

阳离子交换量是指土壤胶体所能吸附的各种阳离子的总量，其数值以每千克土壤的厘摩尔数表示(cmol/kg)。阳离子交换量的大小，可作为评价土壤保肥能力的指标。阳离子交换量是土壤缓冲性能的主要来源，是改良土壤和合理施肥的重要依据，因此，对于反映土壤负电荷总量及表征土壤性质重要指标的阳离子交换量的测定是十分重要的。

一、乙酸铵法

(一)方法原理

用乙酸铵溶液[$c(CH_3COONH_4)$ = 1.0 mol/L，pH 7.0]反复处理土壤，使土壤成为NH_4^+饱和土。然后用淋洗法或离心法将多余的乙酸铵用95%乙醇或99%异丙醇反复洗去后，用水将土壤洗入凯氏瓶中，加固体氧化镁蒸馏。蒸馏出来的氨用硼酸溶液吸收，然后用盐酸标准溶液滴定。根据NH_4^+的量计算土壤阳离子交换量，适用于酸性和中性土壤。

(二)主要仪器

离心机(转速3000~4000 r/min)、离心管(100 mL)、凯氏瓶(150 mL)、蒸馏装置。

(三)主要试剂

①乙酸铵溶液[$c(CH_3COONH_4)$ = 1.0 mol/L，pH 7.0]：77.09 g乙酸铵(CH_3COONH_4，化学纯)用水溶解，稀释至近1∶1，用1∶1氨水或稀乙酸调节至pH 7.0，然后稀释到1 L。

②乙醇[$\varphi(CH_3CH_2OH)$ = 95%，工业用，必须无NH_4^+或99%异丙醇。

③液体石蜡(化学纯)。

④甲基红-溴甲酚绿混合指示剂：0.099 g溴甲酚绿和0.066 g甲基红于玛瑙研钵中，加入少量95%乙醇，研磨至指示剂完全溶解为止，最后加95%乙醇至100 mL。

⑤硼酸-指示剂溶液：20 g硼酸(H_3BO_3)溶于1 L水中。每升硼酸溶液中加入甲基红-溴甲酚绿混合指示剂20 mL，并用稀酸或稀碱调至紫红色(葡萄酒色)，此时该溶液的pH为4.5。

⑥盐酸标准溶液[$c(HCl)$ = 0.05 mol/L]：每升水中加入4.5 mL浓盐酸，充分混匀，用硼砂标定。

⑦pH 10缓冲溶液：67.5 g氯化铵(NH_4Cl)溶于无二氧化碳的水中，加入新开瓶的浓氨水(化学纯，ρ=0.9 g/cm^3，含氨25%)570 mL，用水稀释至1 L，贮于塑料瓶中，并注意防止吸入空气中的二氧化碳。

⑧K-B指示剂：0.5 g酸性铬蓝K和1.0 g萘酚绿B，与100 g于105 ℃烘过的氯化钠一同研细磨匀，越细越好，贮于棕色瓶中。

⑨固体氧化镁：将氧化镁(MgO)放在镍蒸发器皿内，在500~600 ℃高温电炉中灼烧30 min，冷却后贮藏在密闭的玻璃器皿中。

⑩纳氏试剂：134 g氢氧化钾(KOH)溶于460 mL水中。20 g碘化钾(KI，分析纯)溶

于 50 mL 水中，加入大约 3 g 碘化汞(HgI_2)，使溶解至饱和状态，然后将两溶液混合即成。

(四) 实验步骤

①称取通过 0.25 mm 筛孔的风干土样 2.00 g(质地轻的土壤称 5.00 g)，放入 100 mL 离心管中，沿离心管壁加入少量乙酸铵溶液，用橡皮头玻璃棒搅拌土样，使其成为均匀的泥浆状态。再加入乙酸铵溶液至总体积约 60 mL，并充分搅拌均匀，然后用乙酸铵溶液洗净橡皮头玻棒，溶液收入离心管内。

②将离心管成对放在粗天平的两盘上，用乙酸铵溶液使其质量平衡。平衡好的离心管放入离心机中，离心 3~5 min(转速 3000~4000 r/min)，离心后的清液即弃去，如此用乙酸铵溶液处理 3~5 次，直到最后浸出液中无钙离子反应为止。

③往载土的离心管中加入少量乙醇溶液或异丙醇，用橡皮头玻璃棒搅拌土样，使其成为泥浆状态，再加乙醇或异丙醇约 60 mL，用橡皮头玻璃棒充分搅匀，以便洗去土粒表面多余的乙酸铵，切不可有小土团存在。然后将离心管成对放在粗天平的两盘上，用乙醇溶液或异丙醇溶液使之质量平衡，然后放入离心机中，离心 3~5 min(转速 3000~4000 r/min)，弃去乙醇或异丙醇。如此反复用乙醇或异丙醇洗 3~4 次，直至最后一次乙醇溶液中无 NH_4^+ 为止，用纳氏试剂检查。

④洗净多余的 NH_4^+ 后，用水冲洗离心管的外壁，往离心管内加入少量水，并搅拌成糊状，用水把泥浆洗入 150 mL 凯氏瓶中，并用橡皮头玻璃棒擦洗离心管的内壁，使全部土壤转入凯氏瓶内，加 2 mL 液状石蜡和 1 g 氧化镁，立即把凯氏瓶装在蒸馏装置上。

⑤将盛有 25 mL 硼酸指示剂吸收液的锥形瓶(250 mL)用缓冲管连接在冷凝管下端。通入蒸汽，随后摇动凯氏瓶内容物使其混合均匀。打开凯氏瓶下的电炉，接通冷凝系统的流水，用螺丝调节蒸汽流速度，使其一致，蒸馏约 20 min，馏出液约达 80 mL 以后，用纳氏试剂检查蒸馏是否完全。检查方法：取下缓冲管，在冷凝管下端取几滴馏出液于白瓷比色板的孔穴中，立即往馏出液内加 1 滴纳氏试剂，如无黄色反应，即表示蒸馏完全。

⑥将缓冲管连同锥形瓶内的吸收液一起取下，用水冲洗缓冲管的内外壁(洗入锥形瓶中)，然后用盐酸标准溶液滴定。同时做空白试验。

(五) 结果分析

$$CEC(\mathrm{cmol/kg})=\frac{c\times(V-V_0)\times10^{-1}}{m}\times1000 \tag{2-60}$$

式中 CEC——土壤阳离子交换量(cmol/kg)；

c——盐酸标准溶液的溶度(mol/L)；

V——盐酸标准溶液的用量(mL)；

V_0——空白试验盐酸标准溶液的用量(mL)；

m——土样的质量(g)；

10^{-1}——将 mmol 换算成 cmol 的系数；

1000——换算成每 kg 土的交换量。

(六) 注意事项

检查钙离子的方法：取最后一次乙酸铵浸出液 5 mL 于试管中，加 pH 10 缓冲液 1 mL，加少许 K-B 指示剂。如溶液呈蓝色，表示无钙离子；如呈紫红色，表示有钙离子，还要用乙酸铵继续浸提。

二、氯化钡-硫酸镁法

(一)方法原理

用 Ba^{2+}饱和土壤复合体，经 Ba^{2+}饱和的土壤用稀氯化钡溶液洗去大部分交换剂之后，离心，称重求出残留稀氯化钡溶液。再用定量的标准 $MgSO_4$ 溶液交换土壤复合体中的 Ba^{2+}。

$$Ba^{2+}+BaCl+MgSO_4 \longrightarrow Mg^{2+}+MgCl_2+MgSO_4+BaSO_4 \downarrow$$

测定交换离心后上清液 Mg^{2+}的浓度即可得知 Mg^{2+}的残留量，从总加入 Mg^{2+}的量减去残留量即为该样品的阳离子交换量，适用于高度风化酸性土壤。

(二)主要仪器

原子吸收分光光度计、离心机(转速 3000~4000 r/min)、电导率仪。

(三)主要试剂

①氯化钡交换剂[$c(BaCl_2)=0.1$ mol/L]：24.4 g 氯化钡($BaCl_2 \cdot 2H_2O$)溶于水中，然后定容至 1 L。

②氯化钡平衡溶液[$c(BaCl_2)=0.002$ mol/L]：0.488 9 g 氯化钡($BaCl_2 \cdot 2H_2O$)溶于水中，定容至 1 L。用氢氧化钡或盐酸调节溶液 pH 到 7 或规定 pH 值。

③硫酸镁溶液[$c(MgSO_4 \cdot 7H_2O)=0.005$ mol/L]：1.232 g 硫酸镁($MgSO_4 \cdot 7H_2O$)溶于水，并定容至 1 L。

④硫酸镁离子强度参比溶液[$c(MgSO_4 \cdot 7H_2O)=0.001\ 5$ mol/L]：0.370 0 g 硫酸镁($MgSO_4 \cdot 7H_2O$)溶于水中，并定容至 1 L。

(四)实验步骤

称取过 0.25 mm 筛孔的风干土 2.00 g 于已知质量离心管中，加入 20 mL 氯化钡交换剂，用胶塞塞紧，振荡 2 h。离心，弃上层清液，连续 3 次用 20 mL 氯化钡平衡液平衡土壤，每次应使样品充分分散后振荡 1h，离心，弃上清液(尽量倒干并吸干外壁水滴)，在天平上称重，加入 10.00 mL 硫酸镁溶液，轻微振荡 1 h。在实验条件下，用硫酸镁或蒸馏水调节悬浊液的电导率(以硫酸镁离子强度溶液为参比)，轻微振荡后过夜。如果必要，可再测定并调节电导率。准确称离心管(包括内容物)的质量以确定加入硫酸镁离子强度参比液或水的体积。离心，收集清液，测定溶液的 pH 和原子吸收分光光度法测定 Mg 的浓度。

(五)结果分析

①用水调节电导率时的阳离子交换量

$$CEC(\text{cmol/kg})=\frac{100\times(0.1-c_1\times V_2)}{m} \tag{2-61}$$

②用硫酸镁调节电导率时的阳离子交换量

$$CEC(\text{cmol/kg})=\frac{100\times(0.1V_1-c_1\times V_2)}{m} \tag{2-62}$$

式中　CEC——土壤阳离子交换量(cmol/kg)；

0.1——10 mL×0.005 mol/L×2=0.1；

c_1——测得上层清液 Mg 的浓度(mol/L)；

V_2——上层清液的最后体积(mL)；

0.01——0.005 mol/L×2＝0.01；

V_1——加入硫酸镁的体积和调节离子强度时加入硫酸镁体积之和(mL)；

m——土样的质量(g)。

(六)注意事项

①由于固定了平衡溶液 pH 和离子强度，土液比例从 1∶5 至 1∶20 时，不会改变阳离子交换量。因此，可根据阳离子交换量高低决定称样重量。

②通过称出总的质量减去离心管和样品的质量即可求出 0.002 mol/L 氯化钡的残留量(mL)，即可求出 0.005 mol/L 硫酸镁稀释后的体积。

③使用非缓冲的氯化钡和硫酸镁溶液是因为它们的离子强度(μ＝0.006)与高度风化的土壤溶液相似，分析者可因土壤不同改变溶液的这种离子强度。

④为使 Mg^{2+}能完全取代 Ba^{2+}，平衡过夜是需要的。

三、乙酸钠-火焰光度法

(一)方法原理

用乙酸钠(pH＝8.2)处理土壤，使土壤为 Na^+饱和。用 95%乙醇或 99%异丙醇法洗去多余的乙酸钠，然后以 NH_4^+将交换性 Na^+交换下来，用火焰光度法测定溶液中的 Na^+即可计算阳离子交换量，适用于高度风化酸性土壤。

(二)主要仪器

离心机(转速 3000~4000 r/min)、离心管(50 mL)、火焰光度计。

(三)主要试剂

①乙酸钠溶液(pH8.2)[$c(CH_3COONa \cdot 3H_2O)$ = 1 mol/L]：称取 136 g 乙酸钠($CH_3COONa \cdot 3H_2O$)用水溶解并稀释至 1 L，此溶液 pH 为 8.2。否则用稀 NaOH 溶液或 HOAc 调节至 pH 8.2。

②95%乙醇溶液[$\varphi(CH_3CH_2OH)$ = 95%，工业用，但必须无 NH_4^+]或 99%异丙醇溶液。

③乙酸铵溶液(pH7.0)[$c(CH_3COONH_4)$ = 1 mol/L]：77.09 g 乙酸铵(CH_3COONH_4，化学纯)用水溶解，稀释至近 1∶1，用 1∶1 氨水或稀乙酸调节至 pH7.0，然后稀释到 1 L。

④ 钠标准溶液：称取 2.542 1 g 氯化钠(NaCl，经 105 ℃烘 4 h)，用乙酸铵溶液溶解，定容至 1 L，即为 1000 mg/L 钠标准溶液，然后用乙酸铵溶液稀释成 3 mg/L、5 mg/L、10 mg/L、20 mg/L、30 mg/L、50 mg/L 标准溶液，贮于塑料瓶中。

(四)实验步骤

①称取通过 0.25 mm 筛孔风干土 4.00~6.00 g(黏土 4.00 g，砂土 6.00 g)于 50 mL 离心管中，加乙酸钠溶液 33 mL，使各管质量一致，塞住管口，振荡 5 min，离心弃上清液。重复用乙酸钠提取 4 次。然后以同样方法，用乙醇或异丙醇洗涤样品 3 次，最后一次尽量除尽洗涤液。

②将上述土样加入乙酸铵 33 mL，用玻璃棒搅成泥浆，振荡 5 min，离心，将上清液小

心倾入 100 mL 容量瓶中，按同样方法用乙酸铵溶液交换洗涤二次。收集的清液最后用乙酸铵溶液定容至 100 mL。用火焰光度计测定溶液中 Na^+浓度，记录检流计读数，然后从工作曲线上查得钠的浓度，根据钠的浓度即可计算阳离子交换量。

(五)结果分析

$$CEC(\text{cmol/kg})=\frac{\rho\times V}{m\times 23.0\times 10^3}\times 100 \tag{2-63}$$

式中　*CEC*——土壤阳离子交换量(cmol/kg)；

ρ——从工作曲线上查得钠离子的浓度(mg/L)；

V——测读液的体积(100 mL)

23.0——钠离子的摩尔质量；

10^3——把 mL 换算成 L 的系数；

m——土样的质量(g)。

(六)注意事项

①由于盐碱土既含有石灰质又含有可溶性盐，在交换前必须去除可溶性盐。具体办法是：在含有土样的离心管中加入 50 ℃左右的 50%乙醇溶液数毫升，搅拌样品，离心弃去清液，反复数次至用 $BaCl_2$ 检查清液时仅有微量 SO_4^{2-} 为止，说明 $NaSO_4$ 洗净，仅剩 $CaSO_4$ 不会影响测定结果。

②用乙酸钠溶液提取 4 次，第 4 次提取的钙和镁已很少，第 4 次提取液的 pH 为 7.9~8.2 表示提取过程已基本完成。

实验十九　土壤微生物生物量的测定

土壤微生物生物量是指土壤中体积小于 5~10 μm^3 活的微生物总量，是土壤有机质中最活跃的和最易变化的部分。耕地表层土壤中，微生物生物量碳(MBC)一般占土壤有机碳总量的3%左右。土壤微生物生物量与土壤中的 C、N、P、S 等养分的循环密切相关，其变化可直接或间接地反映土壤耕作制度和土壤肥力的变化，以及土壤污染的程度。因此，研究土壤微生物生物量对于了解土壤养分转化过程和供应状况具有重要的意义。

一、样品采集与处理

采集到的新鲜土壤样品立即去除植物残体、根系和可见的土壤动物(如蚯蚓)等，然后迅速过筛(2~3 mm)，或放在低温下(2~4 ℃)保存。如果土壤太湿无法过筛，晾干时必须经常翻动土壤，避免局部风干导致微生物死亡。过筛的土壤样品调节到 40%左右的田间持水量，在室温下放在密闭的装置中预培养 1 周，密闭容器中要放入两个适中的烧杯，分别加入水和稀 NaOH 溶液，以保持其湿度和吸收释放的 CO_2。预培养后的土壤最好立即分析，也可放在低温下(2~4 ℃)保存。

二、氯仿熏蒸培养法

(一)方法原理

土壤经氯仿熏蒸处理后，再进行培养时，有大量的 CO_2 释放出来。所释放 CO_2 是来源于被氯仿熏蒸杀死的微生物。以未熏蒸土壤在培养期间所释放的 CO_2 量作为空白，根据二者之间的差值来计算土壤微生物生物量碳。该方法最大的困难是空白的选择，目前还没有统一的看法。该方法不适用于 pH<4.5 的酸性土壤，也不能用于含有大量易分解有机物的土壤，用于渍水土壤和石灰性土壤时也要慎重。

(二)主要设备

培养箱、真空干燥器、真空泵、往复式振荡机(速率 200 r/min)、广口玻璃瓶(1 L)。

(三)主要试剂

①氢氧化钠溶液[c(NaOH)= 1 mol/L]：称取 40.0 g 氢氧化钠溶于去离子水中，稀释至 1 L。

②盐酸标准溶液[c(HCl)= 0.05 mol/L]：量取约 4.2 mL 的盐酸(HCl，ρ=1.19 g/mL)，放入 1000 mL 容量瓶中，用去离子水定容。用 Na_2CO_3 标定其准确浓度。

③氯化钡溶液[c($BaCl_2$)= 1 mol/L]：称取 244.28 g 氯化钡($BaCl_2 \cdot 2H_2O$)溶于去离子水中，稀释至 1 L。

④酚酞指示剂：0.5 g 酚酞溶于 50 mL 95%乙醇中，再加 50 mL 去离子水，滴加氢氧化钠溶液[c(NaOH)= 0.01 mol/L]至指示剂呈极淡的红色。

⑤氯化钾溶液[c(KCl)= 2 mol/L]：称取 149.0 g 氯化钾(KCl)溶于去离子水中，稀释至 1 L。

⑥无乙醇氯仿($CHCl_3$)：量取 500 mL 氯仿于 1000 mL 分液漏斗中，加入 50mL 硫酸溶液[$\phi(H_2SO_4)=5\%$]，充分摇匀，弃除下层硫酸溶液，如此进行 3 次。再加入 50 mL 去离子水，同上摇匀，弃去上部的水分，如此进行 5 次，以去除氯仿中的乙醇。将下层的氯仿转移到蒸馏瓶中，在 62 ℃的水浴中蒸馏，馏出液存放在棕色瓶中，并加入约 20 g 无水 K_2CO_3，在冰箱的冷藏室中保存备用。

（四）实验步骤

①熏蒸：称取相当于 25.0 g 烘干土重的湿润土壤 3 份，分别放在约 100 mL 的玻璃瓶中，一起放入同一干燥器中，干燥器底部放置几张用水湿润的滤纸，同时分别放入一个装有 50 mL NaOH 溶液和一个装有约 50 mL 无乙醇氯仿的小烧杯(同时加入少量抗暴沸的物质)，用少量凡士林密封干燥器，用真空泵抽气至氯仿沸腾并保持至少 2 min。关闭干燥器的阀门，在 25℃的黑暗条件下放置 24 h。打开阀门，如果没有空气流动的声音，表示干燥器漏气，应重新称样进行熏蒸处理。当干燥器不漏气时，取出装有水和氯仿的玻璃瓶，氯仿倒回瓶中可重复使用。擦净干燥器底部，用真空泵反复抽气，直到土壤闻不到氯仿气味为止。同时称同样量的土壤 3 份，不进行熏蒸处理，放入另一个真空干燥器中，作为对照。

②培养：向每份熏蒸处理的土壤加入 10 mg 未熏蒸的新鲜土壤，混合均匀。调节土壤含水量到田间持水量的 55%左右，放入约 1 L 的广口瓶中(每瓶放入一个土样)，同时放入一个装有 5 mL NaOH 溶液和一个盛有 20 mL 去离子水的玻璃瓶，密封广口瓶。在 25℃的黑暗条件下培养 10 d。不加新鲜土壤，将对照土壤作同上处理，再做 3 个不加任何土壤的空白对照。

③测定 CO_2：培养结束后，取出装有 NaOH 溶液的玻璃瓶，立即全部转移到 100 mL 的容量瓶，定容。准确吸取 10 mL 于 150 mL 三角瓶中，加入 10 mL 去离子水和 1 mL $BaCl_2$ 溶液再加入 2 滴酚酞指示剂，用盐酸标准溶液滴定至终点。

④微生物量氮的浸提与测定：培养结束后，将熏蒸和未熏蒸的土样分别全部转移到 250 mL 三角瓶中，立即加入 100 mL KCl 溶液，在往复式振荡机上浸提 30 min(液土比为 4∶1)，滤液立即测定或放在低温下存放。滤液中的 NH_4^+ 和 NO_3^- 分别用靛酚蓝比色法和代氏合金还原蒸馏法测定。

（五）结果分析

①CO_2-C 的释放量(Fc)

$$W(C)=\frac{(V_1-V_2)\times c\times M\times 1000\times t_s}{m} \tag{2-62}$$

式中　$W(C)$——CO_2-C 的释放量(Fc)质量分数(mg/kg)；

V_2——土样处理滴定时所消耗的盐酸体积(mL)；

V_1——无土空白对照滴定时所消耗的盐酸体积(mL)；

c——盐酸标准溶液的浓度(mol/L)；

M——碳的毫摩尔质量[$M(C)=12$ mg/mmoL]；

1000——转换为 kg 的系数；

t_s——分取倍数；

m——土壤样品的烘干质量(g)。

②微生物生物量碳(B_C)的计算

$$W(C)=\frac{Fc}{Kc} \tag{2-63}$$

式中 $W(C)$——微生物生物量碳质量分数(mg/kg)；

Fc——0~10 d 培养期间熏蒸土壤释放的 CO_2-C 量与未熏蒸土样培养期间释放的 CO_2-C 量的差值(mg/kg)；

Kc——培养期间被杀死的微生物矿化成 CO_2-C 的比例，常取 0.45。

③微生物生物量氮(B_N)的计算：

$$W(N)=\frac{F_N}{K_N} \tag{2-64}$$

式中 $W(N)$——微生物生物量氮(B_N)质量分数 mg/kg；

F_N=[(熏蒸土样中 NO_3^--N+NH_4^+-N)-(未熏蒸土样中 NO_3^--N+NH_4^+-N)](mg/kg)；

K_N——培养期间被杀死的微生物量中的氮转化为 NH_4^+-N 和 NO_3^--N 的比例，一般为 0.57。

三、氯仿熏蒸浸提法

(一)方法原理

土壤经氯仿熏蒸处理，微生物被杀死，细胞破裂后，细胞内容物释放到土壤中，导致土壤中的可提取碳、氨基酸氮、磷和硫等大幅度增加。通过测定浸提液中全碳的含量可以计算土壤微生物生物量碳；测定全氮的含量来计算微生物生物量氮；应用茚三酮反应可测定 α-氨基酸的数量，也可估算微生物生物量。此外，还可通过测定浸提液中磷和硫的增加量，从而估算土壤微生物生物量磷和微生物生物量硫。本方法最大的优点在于可应用于淹水土壤的微生物生物量的测定，并且与碳、氮、磷、硫的同位素结合，研究土壤和环境的碳、氮、磷、硫的循环和转化。浸提液中碳可用重铬酸钾滴定法测定，也可用微量碳分析仪测定。此处介绍比较简单的重铬酸钾容量方法。

(二)主要设备

培养箱、真空干燥器、真空泵、往复式振荡机(振荡速率为 200 r/min)、冰柜、消煮炉、凯氏定氮仪。

(三)主要试剂

①硫酸钾溶液[$c(K_2SO_4)$= 0.5 mol/L]：称取硫酸钾(K_2SO_4，化学纯)87.10 g，溶于去离子水中，稀释至 1 L。

②硫酸铜溶液[$c(CuSO_4\cdot 5H_2O)$= 0.19 mol/L]：称取硫酸铜($CuSO_4\cdot 5H_2O$，化学纯)47.40 g，溶于去离子水中，稀释至 1 L。

③氢氧化钠溶液[$c(NaOH)$= 10 mol/L]：称取 400.0 g 氢氧化钠(NaOH)溶于去离子水中，稀释至 1 L。

④硼酸溶液[$\rho(H_3BO_3)$= 20.0 g/L]：称取硼酸(H_3BO_3)20.0 g，溶于去离子水中，稀

释至1 L。

⑤还原剂：50.0 g硫酸铬钾[$KCr(SO_4)_2$]溶解在700 mL去离子水中，加入200 mL浓硫酸，冷却后定容至1 L。

⑥重铬酸钾[$c(K_2Cr_2O_7)=0.4000$ mol/L]：称取经130 ℃烘干2~3 h的重铬酸钾($K_2Cr_2O_7$)19.622 g，溶于1000 mL去离子水中。

⑦双酸溶液：H_2SO_4：H_3PO_4=2：1。

⑧邻菲罗啉指示剂：称取邻菲罗啉[$C_{12}H_8N_2H_2O$] 1.49 g，溶于含有0.70 g $FeSO_4 \cdot 7H_2O$的100 mL去离子水中，密闭保存于棕色瓶中。

⑨硫酸亚铁溶液[$c(FeSO_4 \cdot 7H_2O)=0.0333$ mol/L]：称取硫酸亚铁($FeSO_4 \cdot 7H_2O$) 9.26 g，溶解于600~800 mL去离子水中，加浓硫酸20 mL，搅拌均匀，定容至1000 mL，于棕色瓶中保存。此溶液不稳定，需每天标定其浓度。

⑩硫酸亚铁溶液浓度的标定：吸取重铬酸钾标准溶液2.00 mL，放入100 mL三角瓶中，加水约20 mL，加浓硫酸3~5 mL和邻菲罗啉指示剂2~3滴，用$FeSO_4$溶液滴定，根据$FeSO_4$溶液的消耗量即可计算$FeSO_4$溶液的准确浓度。

(四)实验步骤

①称取新鲜土壤(相当于干土25.0 g)3份分别放入三个100 mL烧杯中，同氯仿熏蒸培养法一样进行熏蒸。熏蒸结束后，将土壤全部转移到250 mL三角瓶中，加入100 mL硫酸钾溶液，在振荡机上振荡浸提30 min(25℃)，过滤。熏蒸开始的同时，称取等量土壤3份，同上用硫酸钾溶液浸提，浸提液立即测定或在-15℃下保存。同时做不加土壤的空白对照。

②准确吸取浸出液5.0 mL放入消煮瓶中，加入重铬酸钾标准溶液2.00 mL、加入少量防爆沸石、双酸溶液15.0 mL，缓慢加热，沸腾回流30 min，冷却后加去离子水10~20 mL。加入1滴邻菲罗啉指示剂，用硫酸亚铁溶液滴定剩余的$K_2Cr_2O_7$。

③准确吸取300 mL浸出液于消煮管中，加入10 mL还原剂和0.3 g锌粉，充分混匀，室温下放置至少2 h，再加入0.6 mL硫酸铜溶液和8 mL浓硫酸。缓慢加热(150 ℃)约2 h直至消煮管中的水分全部蒸发掉，然后高温(硫酸发烟)消煮3 h。待消煮液完全冷却后，将消煮管接到定氮蒸馏器上，向蒸馏管中加入氢氧化钠溶液40 mL，同土壤全氮进行蒸馏，并用标准稀盐酸或硫酸溶液滴定硼酸吸收液。同时做空白对照。

(五)结果分析

①有机碳(OC)的计算

$$W(C)=\frac{(V_0-V_1)\times c\times 3\times 1000\times t_s}{m} \tag{2-65}$$

式中　$W(C)$——有机碳(OC)质量分数(mg/kg)；

V_0——滴定空白样时所消耗的$FeSO_4$体积(mL)；

V_1——滴定样品时所消耗的$FeSO_4$体积(mL)；

c——$FeSO_4$溶液的浓度(mol/L)；

3——碳(1/4 C)的毫摩尔质量；

1000——转换成kg的系数；

t_s——稀释倍数；

m——烘干土质量(kg)。

②微生物生物量碳(B_C)的计算

$$W(C)=\frac{E_C}{K_{Ec}} \tag{2-66}$$

式中 $W(C)$——微生物生物量碳(B_C)质量分数(mg/kg)；

Ec——熏蒸土样有机碳量与未熏蒸土样有机碳量之差(mg/kg)；

K_{Ec}——氯仿熏蒸杀死的微生物体中的碳(C)的浸提出来的比例，一般取0.38。

③全氮(T_N)的计算

$$W(N)=\frac{(V-V_0)\times c\times 14\times 1000\times ts}{m} \tag{2-67}$$

式中 $W(N)$——全氮(T_N)质量分数(mg/kg)；

V——样品滴定时所消耗标准酸的体积(mL)；

V_0——空白滴定时所消耗标准酸的体积(mL)；

c——标准酸的浓度(mol/L)；

14——氮(N)的毫摩尔质量；

1000——转换成kg的系数；

t_s——分取倍数；

m——烘干土质量(kg)。

④微生物生物量氮(B_N)的计算：

$$W(N)=\frac{E_N}{K_{E_N}} \tag{2-68}$$

式中 $W(N)$——微生物生物量氮(B_N)质量分数(mg/kg)；

E_N——熏蒸土样所浸提的全N与未熏蒸土样之间的差值(mg/kg)；

K_{E_N}——熏蒸杀死的微生物中的氮被K_2SO_4所提取的比例，常取0.45。

四、基质诱导方法

(一)方法原理

一般认为，土壤中大多数微生物都能够利用葡萄糖，当向土壤加入葡萄糖培养时，土壤CO_2释放量迅速增加，达到两个高峰并能够保持近4 h基本不变，此时的土壤呼吸量称为诱导呼吸量。以熏蒸培养或熏蒸浸提方法测定微生物生物量碳为标准，将诱导CO_2呼吸量转化为微生物生物量碳。最早是使用葡萄糖粉剂，West和Sparling(1988)改用葡萄糖水溶液，林启美比较了葡萄糖两种使用方式对诱导呼吸的影响，发现尽管总的来看二者几乎为1∶1的对应关系，但对于某些土壤而言则差异很大。

测定诱导CO_2呼吸量有开放和封闭两种方法，前者是采用通气装置，对释放出来的CO_2连续收集起来；后者一般在密闭的三角瓶中培养，一段时间后测定瓶中CO_2的浓度。由于CO_2能够溶解在碱性水溶液中，所以如果土壤偏碱性，在应用封闭方法时，必须校对溶解在土壤溶液中的CO_2。

（二）主要设备

气相色谱仪、磨口三角瓶（250 mL）及瓶塞。

（三）主要试剂

①葡萄糖与滑石粉混合物：称一定量的化学纯葡萄糖，按4∶1的比例与滑石粉混合，并在研钵中研细，装入瓶中备用。

②含CO_2为1%的空气。

（四）实验步骤

称取相当于25.0 g烘干土重的湿润土壤3份，放入250 mL磨口的三角瓶中，按每克土加入6 mg葡萄糖计算，加入葡萄糖与滑石粉混合物，充分与土壤混匀，在通风处放置30 min。在瓶塞外部涂上少许凡士林，加上硅胶垫，塞紧瓶塞，在25 ℃下培养2 h。用10 mL的注射器从瓶中抽取5 mL气体，用气相色谱仪测定其CO_2浓度。

（五）结果分析

①基质诱导呼吸量（SIR）的计算

$$SIR[\mathrm{mL/(kg \cdot h)}] = \frac{1}{2} \times c \times V/\mathrm{m} \tag{2-69}$$

式中　c——三角瓶中CO_2的浓度（mL/mL）；

V——三角瓶中空气的体积（mL）；

m——土壤烘干质量（kg）；

2——培养时间（h）；

②微生物生物量碳（B_C）的计算

$$W(\mathrm{C}) = 15 \times SIR \tag{2-70}$$

式中　$W(\mathrm{C})$——微生物生物量碳（B_C）质量分数（mg/kg）；

15——SIR转换为微生物生物量碳的系数。

实验二十　土壤微生物计数

(一)方法原理

平板菌落计数法是将待测样品经适当稀释之后，其中的微生物充分分散成单个细胞，取一定量的稀释液接种到平板上，经过培养，由每个单细胞生长繁殖成肉眼可见的菌落，即一个单菌落应代表原样品中的一个单细胞。统计菌落数，根据其稀释倍数和取样接种量即可换算出样品中的含菌数。但是，由于待测样品往往不易完全分散成单个细胞，所以，长成的一个单菌落也可能来自样品中的2~3或更多个细胞。因此，平板菌落计数的结果往往偏低。为了清楚地阐述平板菌落计数的结果，现在倾向使用菌落形成单位(CFU)而不以绝对菌落数来表示样品的活菌含量。平板菌落计数法虽然操作较繁，结果需要培养一段时间才能取得，而且测定结果易受多种因素影响，但该计数方法的最大优点是可以获得活菌的信息。

(二)主要设备

三角瓶(250 mL)、三角瓶(2 L)、接种棒、玻璃管、培养皿、移液管、移液枪、培养皿、灭菌锅、恒温培养箱。

(三)主要试剂

细菌培养基为：NBY 培养基(营养肉汤酵母膏培养基)，分别称取酵母提取物 2 g、营养肉汤粉 8 g、K_2HPO_4 2 g、KH_2PO_4 0.5 g、葡萄糖 2.5 g、1 mmol/L $MgSO_4 \cdot 7H_2O$ 1 mL、去离子水 1 L、琼脂 18 g，于 1 L 三角瓶中进行灭菌，为细菌生长的固体培养基；真菌培养基采用 PDA 培养基。

放线菌培养基为：高氏一号培养基，分别称取可溶性淀粉 2 g、硝酸钾 0.1 g、磷酸氢二钾 0.05 g、氯化钠 0.05 g、硫酸镁 0.05 g、硫酸亚铁 0.001 g、琼脂 15 g、去离子水 1 L、调整 pH 值到 7.2~7.4，于 1 L 三角瓶中灭菌，稍冷后倒入培养皿。

(四)实验步骤

①无菌器材的准备

无菌培养皿：取培养皿 9 套，包扎、灭菌。

无菌水：分别装 4.5 mL 蒸馏水于 10 mL 试管中，加棉塞，灭菌。

②样品稀释液的制备：称取新鲜土壤 10.00 g，倒入经灭菌的三角瓶中，加入 90 mL 无菌水，加入灭菌过的玻璃珠 3~4 粒，密封，震荡 30 min，取出，用 1 mL 移液枪吸取 0.5 mL 菌悬液(待测样品)，至 10^{-1} 的试管中，此即为 10 倍稀释液。用 1 mL 移液枪在 10^{-1} 试管中来回吹吸悬液 10 次，使菌液充分分散、混匀。吸吹菌液时不要太猛太快，吸时移液枪枪头伸入管底，吹时离开液面。混匀后吸 0.5 mL 至 10^{-2} 试管中，此即为 100 倍稀释液。依此类推，依次配成 10^{-1}、10^{-2}、10^{-3}、10^{-4}、10^{-5}、10^{-6} 浓度梯度的土壤悬液。

③平板接种培养

倒平板：将上述灭菌好的细菌、真菌、放线菌培养基稍冷后，倾注倒入无菌培养皿中，每皿约 15 mL 培养基，置水平位置迅速旋动平皿，待凝固后盖上培养皿盖，倒置过夜，选取未被污染培养皿备用。

取样：细菌培养方法：用移液枪分别吸取 10^{-4}、10^{-5}、10^{-6} 的稀释菌悬液 0.1 mL，放入对应编号的无菌培养皿中，每个浓度重复 5 次。并用刮板器将悬液涂匀整个平板至平板上无明显水印。

真菌培养方法：分别吸取 10^{-2}、10^{-3}、10^{-4} 浓度的土壤悬液 0.1 mL 于真菌培养基上，同上将土壤悬液涂匀整个平板。

放线菌培养方法：分别吸取 10^{-4}、10^{-5}、10^{-6} 浓度的土壤悬液 0.1 mL 于放线菌培养基上，将土壤悬液涂匀整个平板。

培养皿经密封后倒置于 25 ℃培养箱中培养。每天观察每个平板中微生物的生长情况，至菌种长出，且菌株未长到一起时透过平板底部进行计数。对每个菌类及每个浓度均做 5 个平行(五套培养皿)，以防感染失败。

④计数和报告

操作方法：培养到时间后，计数每个培养皿中的菌落数。可用肉眼观察，必要时用放大镜检查，以防遗漏。在记下各平板的菌落总数后，求出同稀释度的各平板平均菌落数，计算原始每克土样中的菌落数，进行报告。

(五)结果分析

$$\text{土壤微生物数量(CFU/g)} = M \times D/W \tag{2-71}$$

式中 M——菌落平均数；

D——稀释倍数；

W——土壤烘干质量(g)。

(六)注意事项

①到达规定培养时间，应立即计数。如果不能立即计数，应将平板放置于 0~4℃冰箱中，但不能超过 24 h。

②计数时应选取菌落数在 30~300 之间的平板，若有 2 个稀释度均在 30~300 之间时，按国家标准方法要求应以二者比值决定，比值小于或等于 2 取平均数，比值大于 2 则取较小数字(有些规定不考虑其比值大小，均以平均数报告)。

③若所有稀释度均不在计数区间。如均大于 300，则取最高稀释度的平均菌落数乘以稀释倍数报告。如均小于 30，则以最低稀释度的平均菌落数乘以稀释倍数报告。如所有稀释度均无菌落生长，则应按小于 1 乘以最低稀释倍数报告。

④菌落数的报告，按国家标准方法规定菌落数在 1~100 时，按实有数字报告，如大于 100 时，则报告前面两位有效数字，第三位数按四舍五入计入。固体样品以克(g)为单位报告，液体样品以毫升(mL)为单位报告。

第三篇　土壤学实习

第一节　实习目的、意义和报告

《土壤学》是林学、园艺、水土保持与荒漠化防治、森林保护等专业的学科基础课，实习是《土壤学》教学的重要组成部分，是学生必须完成的教学环节。在实习之前要明确本次实习的目的、任务、要求及具体内容。

一、实习目的

通过实习能比较全面系统地了解土壤的分布、分类、形成条件、剖面特点及改良利用措施。使同学掌握土壤类型调查的基本方法，巩固课堂所学知识，提高实地观察和动手能力，并对主要土壤类型的性状特征及改良利用情况有一个比较全面的认识，为今后解决实际工作中所遇到的土壤问题打下基础。

二、实习要求

严格遵守学校实习纪律和规定；认真完成现场实习指导教师交给的各项任务；深入实际，了解生产中亟待解决的问题，提出参考建议；认真做好笔记，收集整理资料，及时撰写、上交实习报告。

三、实习报告

土壤学实习报告(格式)

学生姓名：　　　　学号：　　　　专 业：　　　　班 级：
实习时间：　　　　指导教师：

(一)目的意义

(二)主要器材与试剂

(三)实习过程

(四)实习记录

1. 土壤剖面描述与分析

(附照片)

2. 实习分析总结

将不同海拔、土壤类型剖面特点、含水量、pH 值的差异及原因。

(五) 实习感悟

对实习过程的所见、所思记录下来。

第二节　自然土壤的野外观察

一、目的要求

通过野外土壤剖面观察，学会用简单方法认识土壤的基本特性和主要农业生产性状，从而认识土壤，并联系土壤生成环境，分析其与土壤形成及利用改良方面的关系。

二、实习工具及仪器

GPS、放大镜、铲子、硬度计、望远镜、土壤比色卡、剖面刀、塑料皮尺、标本盒、地质背包、土壤样品袋、记录表、标签纸、记号笔、铅笔、小刀、牛皮纸等。

三、土壤形成因素的研究观察

（一）气候资料的调查

包括温度、降水量、蒸发量、霜　期、风、水、旱、涝灾害等。

（二）母质

直接由岩石风化而形成的残积物母质，要记载岩石的种类、风化程度及形态；如系冲积物、风积物等运积母质，则记载其种类、生成过程及其性状。

（三）地形

地形通常可分为山地、丘陵、河谷、冲积平原、盆地及洼地等。当了解地形时要记载地点、周围环境、地形的变化情况与土壤发育与分布的关系。

（四）侵蚀情况

在山区进行土壤调查与观察时更为重要，要详细记载侵蚀方式、程度、引起侵蚀的原因，如何采取防治措施。

（五）土壤的排水及灌溉情况

首先，观察地表水的有无及其状况，地下水位深度、灌溉条件的有无，现有灌溉的系统及灌溉的可能性。

其次，要记载该地区的排水情况、排水系统等。

（六）植被情况

包括植物群落、生长情况、指示植物、造林状况。

（七）农业生产状况调查

包括农作物种类、产量、茬口安排、施肥情况、丰产经验及畜牧业的发展情况等。

四、土壤性状的观察和记载

在记录特征前，应先记录环境条件（ 记载项目见附表 ），然后对各发生层次逐层详细描述并进行一些理化性质的速测。记载项目如下：

（一）颜色

土壤颜色可以反映土壤的矿物组成和有机质的含量。很多主要土类就是以土壤颜色来命名的。

土壤颜色是土壤形态中最易觉察的一种，从颜色可以大致了解土壤的肥力高低、土壤发育的程度和土壤中的物质组成。观察时要分清主色和次色。描述时主色在后，次色在前。如灰棕色，以棕色为主带有灰色，如需要可在前面加修饰词。如淡灰棕色。

鉴别土壤颜色用门塞尔色卡进行对比确定土色。该比色卡的颜色命名是根据色调、亮度、彩度三种属性的指标来表示的。色调即土壤呈现的颜色。亮度：指土壤颜色的相对亮度。把绝对黑定为0，绝对白定为10，由0到10逐渐变亮。彩度：指颜色的浓淡程度。例如：5YR4/6表示：

色调为亮红棕色，亮度为4，彩度为6。

使用比色卡注意点：

(1)比色时光线要明亮，在野外不要在阳光直射下比色，室内最好靠近窗口比色。

(2)土块应是新鲜的断面，表面要平。

(3)土壤颜色不一致，则几种颜色都描述。

表3-1　土壤颜色的来源和存在的土层

代号	名称	成分	存在的土层	相近的颜色
1	黑	腐殖质、碳	黑土黑钙土、草甸土、潜育土的A层 碱土AB层	灰黑、暗灰
2	灰	1+3	灰色森林土、白浆土的表层	浅灰色、淡灰色
3	白	高岭土SiO_2、$CaCO_3$、$CaSO_4$	白浆层、灰化层、脱碱层、钙积层	灰白
4	黄	含水氧化铁	黄壤、黄土性物质和许多土壤的B层	浅黄
5	红	氧化铁(Fe_2O_3)	红壤B层	橙红、红棕
6	栗	1+5	栗土及褐色土各层	褐色
7	棕	1+4+5	棕壤的B层	黄棕
8	灰棕	2+7	灰色森林土、棕壤及栗土冲积土表层	棕灰
9	暗棕	1+7	棕壤、黑钙土及生草灰化土表层	棕黑
10	青灰	Fe^{++} +3	沼泽土、草甸土、水稻土潜育层	灰绿灰色

鉴别土壤颜色要分主、次色。如灰褐色表示褐色为主，灰色为次。并注明占优势的颜色和斑杂的颜色。土壤湿时色深，干时色浅；土壤质地粗时色浅，细时色深；有结构的色深，粉碎后色浅；光线强弱反应的色也不一致，在观察时要注意这些问题，尽力做到标准统一。

(二)质地

野外检测土壤质地采用手测法。本法以手指对土壤的感觉为主，结合视觉和听觉来确定土壤质地名称，方法简便易行，熟悉后也较为准确，适合于田间土壤质地的鉴别。可分为干测法和湿测法，两种方法可以相互补充，一般以湿测法为主。取一小块土，去除石砾和根系，放在手中捏碎，加水少许，以土粒充分浸润为度，根据能否搓成球、条以及弯曲时断裂与否来加以判断。

表 3-2　土壤质地手测法判断标准

质地名称	干燥状态下在手指间挤压或摩擦的感觉	在湿润条件下揉搓塑形时的表现
砂土	感觉粗糙，研磨时有沙沙响声	不能成球形，用手捏成团，但一松即散，不能成片
砂壤土	砂粒为主，混有少量黏粒，很粗糙，研磨时有响声，干土块用小力即可捏碎	勉强可成厚且短的片状，能搓成表面不光滑的小球，不能搓成条
轻壤土	干土块稍用力挤压即碎，手捻有粗糙感	片长不超过 1 cm，片面较平整，可成直径约 3 mm 的土条，但提起后易断裂
中壤土	干土块用较大力才能挤碎，为粗细不一的粉末，砂粒和黏粒的含量大致相同，稍感粗糙	可成较长的薄片，片面平整，但无反光，可以搓成直径约 3 mm 的小土条，弯成 2~3 cm 的圆形时会断裂
重壤土	干土块用大力才能破碎成为粗细不一的粉末，黏粒的含量较多，略有粗糙感	可成较长的薄片，片面光滑，有弱反光，可以搓成直径约 2 mm 的小土条，能弯成 2~3 cm 的圆形，压扁时有裂缝
黏土	干土块很硬，用力不能压碎，细而均一，有滑腻感	可成较长的薄片，片面光滑，有强反光，可以搓成直径约 2 mm 的细条，能弯成 2~3 cm 的圆形，且压扁时无裂缝

(三)结构

一般常见土壤结构(表 3-3)有：

①块状结构：长，宽、高基本相等，可分块状(直径>1~2 cm) 和碎块状(直径 <1~2 cm)两种结构。

②片状结构：土块向水平轴发展，呈片状厚度在 0.1~0.3 cm。

③核状结构：为三向发展，边角不明显，大小在 1~3 cm 的结构体，一般较坚硬。

④柱状和棱柱状结构：土块沿垂直轴发展，如无棱角为柱状结构，有棱面且棱角分明则为棱柱状结构。

⑤团粒结构：土粒疏松，表面光滑，颜色均一，大小在 0.25 cm 的土粒。

⑥单粒状结构：土粒未经黏结、团聚，土粒分散，只表现土粒性状。

表 3-3　常见土壤结构性状表

类别	结构特征	农业性状	备注
粒状	近圆形，表面较圆滑	良好	耕层和黑土层
团块状	较大、近圆形表面粗糙	良好	耕层和黑土层
核状	棱角明显、近方向表面，有光泽	坚实、扎不下根	淀积层
片状	水平分布如片	通透性差	白浆层、脱硅层
鳞片状	成片、但不呈水平	不良	犁底层
块状	近方形土块	易跑墒，难出苗	耕层结构破坏积碱化层
柱状	直立如柱，棱角不明显	极不良	碱土
棱柱状	直立如柱，棱角明显		

（四）土壤坚实度

表示土层坚实程度，根据剖面刀入土难易可分松、稍紧、紧、极紧、坚实等。

（五）土壤干湿度

野外可用手测区分为以下几级：

① 干：把土放在手上，无凉润感觉。

② 润：把土放在手上有凉润的感觉，捏紧不会在手上留下湿的痕迹。

③ 潮：用手轻轻挤压土块，土壤成团状，指缝无水流出，手上有湿印。

④ 湿 ：用手挤压土块时，指缝有水流出，黏手。

（六）孔隙状况

观察孔隙大小，孔隙密度，裂隙宽度以及根孔，虫孔的多少等状况；可用有无、多少来衡量。

（七）新生体

在土壤形成及发育过程中，某些矿物质盐类或其他物质的细颗粒，在剖面的某些部位特别增加或集中，常常生成新生体。如盐霜、盐结皮、石灰质斑点、假菌丝体和各种结核、胶膜等。记载各种新生体的颜色，形状，分布的特点和深度等。

（八）石灰反应

用 1∶3 HCl 滴在土壤上，判断土壤石灰性强弱，视气泡发生情形可分为以下四级，无气泡（-）；徐徐地放出细小气泡（+）；明显地放出气泡（++）；急剧发生气泡，呈沸腾状，历时较久，并发出吱吱声（+++）。

（九）侵入体

土层中与土壤形成关系不大，大多与人类活动有关的物体，如砖块、瓦片、煤渣等。

（十）土壤酸碱度

用广泛试纸测出剖面上每一土层的 pH 值。

（十一）根系分布和动物穴

观察每一土层根系分布的多少、深度、粗细、动物穴的多少大小等。

（十二）看指示动物

有田螺、泥鳅、蚯蚓、大蚂蟥等的为肥土；有小蚂蟥、大蚂蚁等的为瘦土。

第三节　土壤剖面野外观察

一、目的意义

土壤剖面是土壤内在形态的外在表现，因此研究土壤的外部形态，也能了解土壤的性质及农业生产价值。在田间观察土壤时除观察土壤的自然环境外，还要借助于土壤剖面的观察与分析来全面地了解土壤特性。

二、实习内容

（一）土壤剖面位置的选择及挖掘

土壤剖面的选择必须具有代表性，切忌在道旁、沟边、肥堆及土层经过人为翻动或堆积的地方挖掘剖面和采取样品。

在选择有代表性地点后，挖长约 2 m，宽 1 m，深 1～1.5 m 的土坑（如地下水位较高，达到地下水时即可），将朝阳的一面挖成垂直的坑壁，而与之相对的坑壁挖成每阶为 30～50 cm 的阶梯状，以便上下操作（图 3-1）。

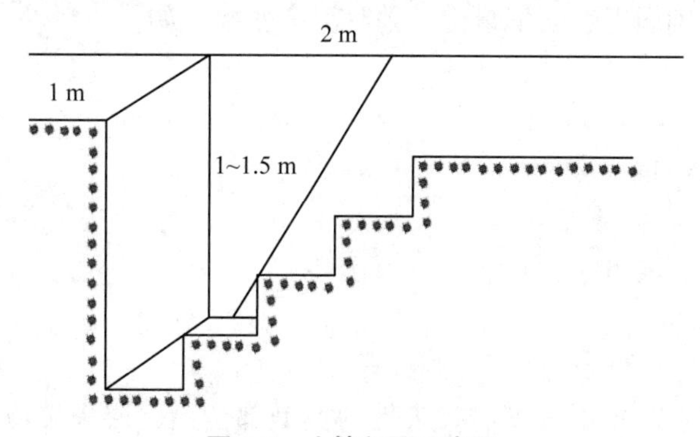

图 3-1　土壤剖面示意图

在挖剖面时要注意观察朝阳面，观察面上端不准堆土，也不准站人踩踏，以保持土壤的田间自然状况，挖出的土抛在土坑长边的两旁，表土与心土分别堆放，观察与记载结束后，必须将土坑先心土后表土进行填平。

（二）剖面观察记载

1. 层次的划分与深度

首先站在剖面坑上大致观察，依据土壤的颜色、质地、结构、根系的分布情况将剖面分成几层，然后再进入剖面坑内，详细观察，进一步确定层次，最后用剖面刀将各层分别划出，于剖面记载表上分别记录各层起止深度。

（1）土壤发生层次及其排列组合特征，是长期而相对稳定的成土作用的产物。目前国际上大多采用 O、A、E、B、C、R 土层命名法。

即　O 层：有机层

A 层：腐殖质层

E 层：淋溶层

B 层：淀积层

C 层：母质层

R 层：基岩层

此外，还有一些由上述有关土层构成的过渡土层，如 AE、EB 层等。若来自两种土层的物质互相交错，且可以明显区分出来，则以斜线分隔号"/"表示，如 E/B、B/C。

(2) 农业土壤剖面一般分为四层

①耕作层：经多年耕翻、施肥、灌溉熟化而成。颜色深、疏松、结构好，是作物根系集中分布的层次，一般深度在 15~20 cm，代号 A。

②犁底层：长期受犁、畜、机械的挤压，土壤紧实，有一定的保水保肥作用。一般厚 6~8 cm。如果犁耕深度经常变化，或质地较粗的砂质旱地，该层往往不明显，代号 P。

③心土层：此层受上部土体压力而较紧实，耕作层养分随水下移淋溶到此层，受耕作影响不深，根系分布较少，厚度一般约为 20~30 cm，代号 B。

④底土层：位于心土层以下，不受耕作的影响，根系极少，保持着母质或自然土壤淀积层的原来面貌，还可能是水湿影响的潜育层，或冲积物形成的冲击层，代号 C。

土层划分之后，用钢卷尺从地表往下量取各层深度，单位为厘米，以与残落物接触的矿质土表为零点，分别向上、向下量得，并写深度变幅。如：

O　4/6~0 cm

A　0~17/22 cm

B　17/22~34/36 cm

2. 其他性质观测

与上一节观测内容与方法一致。

(三) 纸盒标本采集

采集的方法是：

①由下而上依次在各层中选择有代表性的典型部位，逐层采集原状土，拿出结构面，尽量保持原状，分别依次放入纸盒各层中，结构面朝上。

②于纸盒底左侧用铅笔注明编号及各层深度。

③在盒盖上同样用铅笔注明剖面编号、土壤名称、采集地点、层次及深度、采集人、采集日期等。

④采妥后用橡皮筋束紧，勿倒置，勿侧放，携回实验室风干保存。

根据土壤剖面观察结果，初步判断该土壤的肥力状况。

三、实习结果

将实习过程所做的调查记录于表 3-4 和表 3-5。

表 3-4 土壤剖面记载表

<table>
<tr><td colspan="2">剖面代号</td><td colspan="12">野外编号</td><td>日 期</td><td colspan="3">天气</td></tr>
<tr><td colspan="2">地 点</td><td colspan="12"></td><td>调查人</td><td></td><td></td><td></td></tr>
<tr><td colspan="2">地形图幅</td><td colspan="12">航/卫片号</td><td>座 标</td><td>经度</td><td>纬度</td><td>海拔</td></tr>
<tr><td rowspan="4">天
气</td><td>月 份</td><td>1</td><td>2</td><td>3</td><td>4</td><td>5</td><td>6</td><td>7</td><td>8</td><td>9</td><td>10</td><td>11</td><td>12</td><td>全 年</td><td>土壤名称</td><td>野外命名</td><td>正式定名</td></tr>
<tr><td>气温(℃)</td><td></td><td></td><td></td><td></td><td></td><td></td><td></td><td></td><td></td><td></td><td></td><td></td><td></td><td>中国土壤系统分类</td><td></td><td></td></tr>
<tr><td>降水量(mm)</td><td></td><td></td><td></td><td></td><td></td><td></td><td></td><td></td><td></td><td></td><td></td><td></td><td></td><td>地 方 名 称</td><td></td><td></td></tr>
<tr><td>蒸散量(mm)</td><td></td><td></td><td></td><td></td><td></td><td></td><td></td><td></td><td></td><td></td><td></td><td></td><td></td><td>ST</td><td></td><td></td></tr>
<tr><td colspan="14">冻层：深度(cm) ； 时期 ； 持续天数</td><td></td><td>FAO-Uncsco</td><td></td><td></td></tr>
</table>

<table>
<tr><td rowspan="2">(1)
土壤
气候</td><td>土壤温度状况：</td><td rowspan="2">(4)
土地
利用</td><td colspan="2">利用类型：</td><td>作物：</td></tr>
<tr><td>土壤水分状况：</td><td colspan="3">人类影响：</td></tr>
<tr><td rowspan="9">(2)
地
形
地
貌</td><td>地 势：</td><td rowspan="2">(5)
植被</td><td colspan="2">类型与特征</td><td>植物：</td></tr>
<tr><td>大地形：</td><td colspan="2">禾草覆盖度(%)：</td><td>林冠郁闭度(%)：</td></tr>
<tr><td>中地形：</td><td rowspan="7">(6)
地
表
特
征</td><td rowspan="2">侵蚀</td><td colspan="2">主要类别： ；类型：</td></tr>
<tr><td>小地形：</td><td colspan="2">影响面积：(占地表面积%) ；程度： ；活动：</td></tr>
<tr><td>部 位：</td><td colspan="3">岩石露头 ：(占地表面积%) ；平均间距</td></tr>
<tr><td>坡 度： 坡向：</td><td colspan="3">地表粗碎块 ：(占地表面积%) ；大小</td></tr>
<tr><td>比 降：</td><td colspan="3">地表粘闭板结：厚度 ；结持度</td></tr>
<tr><td>坡 型：</td><td colspan="3">地表裂隙 ：宽度 ；间距</td></tr>
<tr><td>微地形：</td><td colspan="3">其 他 ：覆盖面积(%) ；厚度</td></tr>
<tr><td rowspan="4">(3)
母
质</td><td>地 质 时 期：</td><td rowspan="4">(7)
水
文</td><td colspan="2">排水等级：(总评)</td><td>外排水：</td></tr>
<tr><td>非固结物质种类：</td><td colspan="3">泛 滥：频率 ；持续时间 ；深度</td></tr>
<tr><td>母 岩 类 型：</td><td colspan="3">内排水：水分饱和状况 渗透性或导水率</td></tr>
<tr><td>有效土层厚度：</td><td colspan="3">地下水：深度 ；水位(m) 水质</td></tr>
</table>

表 3-5　土壤剖面性状

样品号	(8)发生层					(9)土壤颜色		(10)斑纹					(11)质地	(12)岩屑				
	名称	层次深度(cm)	采样深度(cm)	边界		干态	湿态	颜色	丰度(%)	大小(mm)	对比度	边界		丰度(%)(V)	大小(mm)	形状	风化状态	莫氏硬度
				明显度	形状													

(13)结构							(14)干湿状况	(15)结持性				(16)孔隙				(17)裂隙				
形状、大小(mm)					组合	发育程度		干	润	湿		类型	大小(mm)	丰度(个/dm^2)	孔隙度(%)(S)	宽度(mm)	长度(cm)	间距(cm)	方向	连续性
片状	棱柱状	块状	粒状	整块状						粘着性	可塑性									

(18)胶膜				(19)磐层胶结				(20)矿质瘤状结核							(21)填充物			(22)滑擦面	(23)根系		
丰度(%)(S)	对比度	性质	位置	连续性	内部构造	性质	程度	丰度(%)(V)	种类	大小(mm)	形状	硬度	性质	颜色	性质	分布	丰度(%)(V)	丰度(%)(V)	大小(Φ)(mm)	丰度(条/dm^2)	
																				VF/F	M/C

(24)土壤动物				(25)土壤反应						(26)侵入体		其他	剖面综述
动物		动物粪便		石灰反应	pH	Eh(mv)	亚铁反应	盐分EC(mmho)	酚酞反应	性质	丰度(%)(V)		
种类	丰度	种类	丰度										

注：剖面形态示意及土壤自然状况(包括形成、分布、性态特点及利用改良意见等)综述。

第四节　土壤样品的采集

一、目的与意义

土壤样品的采集是土壤分析工作中一个最重要最关键的环节，它是关系到分析结果是否正确的一个先决条件，特别是耕作土壤，由于差异较大，若采样不当，所产生的误差(采样误差)远比土壤称样分析发生的误差大，因此，要使所取的少量土壤能代表一定土地面积土壤的实际情况，就得按一定的规定采集有代表性的土壤样品。如何采样？这要根据分析的目的、要求来决定采样的方法。

二、采样工具及仪器

进行土壤样品采集时，一般常用以下 3 种取土工具：

1. 小土铲

利用小土铲来根据采样深度，采取上下一致均匀的土片，将各点相等的土片混合成一个混合样品。它的适用性较强，除淹水土外，可适合任何条件下样品的采集，特别是混合样品的采集。

2. 管形土钻

下部为一圆柱形开口钢管，上部系柄架，将土钻钻入土中一定土层深度处，采得一个均匀的土柱。管形土钻取土迅速。混杂少，但它不适用于砾质土壤，干硬的黏重土壤或砂性较重的砂土。

3. 普通土钻

使用方便，能取较深层的土壤，但需土壤较湿润，对较砂的土壤也不很适用。它取出的土壤易混杂，对有机质和有效养分的分析结果，往往是低于用其他工具所取的土壤，其原因是表土易掉落。

三、采集方法、种类和注意事项

1. 混合样品的采集

由于土壤是一个不均匀的体系，为了要了解它的养分状况，物理性、化学性，我们不能把整块土都搬进实验室进行分析，因此，就必须选取若干有代表性的点取样混合后成为混合样品，混合样品实际上就是一个平均样品，这个平均样品就要具有代表性。

要使样品真正有代表性，首先要正确划定采样区，找出采样点，划采样区(采样单元或采样单位)时是根据土壤类别、地形部位、排水情况、耕作措施、种植栽培情况、施肥等的不同来决定的。每一个采样区内，再根据田块面积的大小及被测成分的变异系数，来确定采样点的多少，当然，取的点越多，代表性越强，那就越好，但它会造成工作量的增多，因此，一般人为的定为 5~10 点、10~20 点或根据计算应取多少点。

（1）试验田土壤样品的采集

一般试验小区为一采样区。

（2）大田（旱地）土壤样品的采集

在进行土壤养分状况的调查时，一般是根据土壤类别、地形、排水、耕作、施肥等不同来划分采样区；也有的根据土壤肥力情况按上、中、下来划分采样区。

（3）水田土壤样品的采集

水田和大田土壤样品的采集基本一致。

（4）采样点的布置

在采集多点组成的混合样品时，采样点的分布，要尽量做到均匀和随机，均匀分布可以起到控制整个采样范围的作用：随机定点可以避免主观误差，提高样品的代表性，布点以锯齿形或蛇形（S形）较好，直线布点或梅花形布点容易产生系统误差（图3-2），因为耕作，施肥等农业技术措施一般都是顺着一定方向进行的，如果土壤采样与农业操作的方向一致，则采样点落在同一条件的可能性很大，易使混合土样的代表性降低。

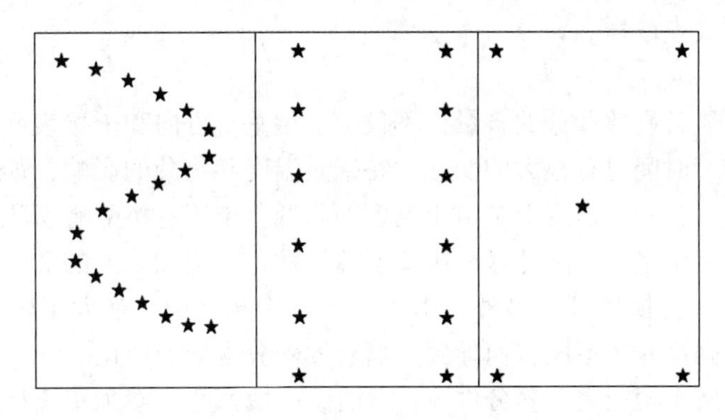

图3-2　土壤采样点的方式

（5）采样方法和注意事项

采取的深度是根据我们的要求而决定。采取耕作层时，一般取0~15 cm或0~20 cm，其具体方法是：在布置好的取样点上，先将表层0~3mm左右的表土刮去，然后再用土铲斜向或垂直按要求深度切取一片片的土壤（图3-3）。各点所取的深度、土铲斜度，上下层

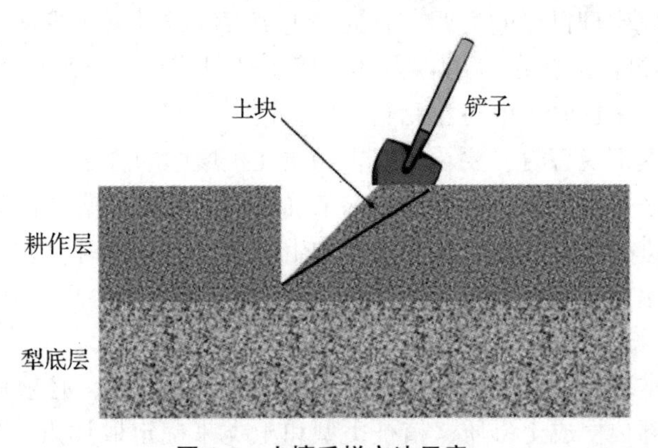

图3-3　土壤采样方法示意

厚度和数量都要求一致，大致相等。将各点所取的土壤在塑料布或木盘中混匀，同时去除枯枝落叶、草根、虫壳、石砾等杂质，然后按四分法(图 3-4)取其适量(1 kg)的土壤装入布袋或塑料袋中，同时用铅笔写好标签，一式二张，一张放入袋内，一张系于袋口，在标签上记好田号，采样地点，深度、日期和采样人，同时在记录本上详细记载前作，当季作物、施肥及作物生长等情况。

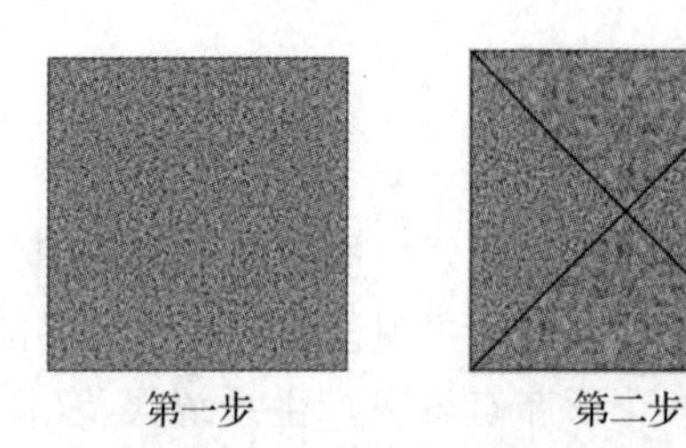

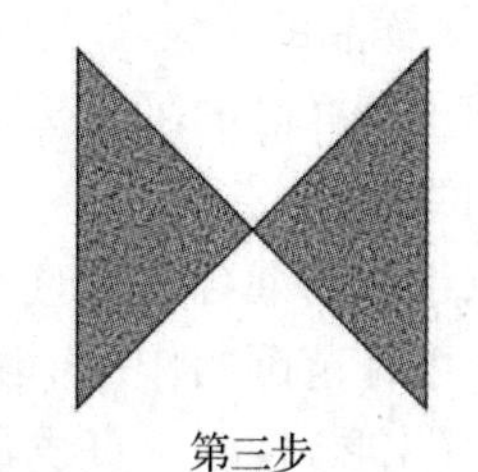

图 3-4　四分法取样步骤图

在布置采样点时，必须具有代表性。因此，就必须避免在田边、地角、路旁、堆肥等没有代表性的地方设点取样。

(6)采样时间

土壤的化学性质，有效养分的含量，不仅随土壤垂直方向和土壤表面延伸的方向有所不同，而且随季节、时间也有很大的变化，特别是温度和水分的影响，如像冬季土壤中有效磷、钾往往增高，在一定程度上是由于温度的降低，土壤有机酸有所积累，由于有机酸能与铁、铝、钙等离子络合，降低这些阳离子的活性，而增加了磷的活性，同时也有部分非交换性钾，转变成交换性钾。另外，由于一天当中早、中、晚太阳辐射热的影响的不同，土壤胶体活化强度有所不同，而导致土壤有效养分含量的变化。

因此，当其了解土壤肥力、养分供应情况时，一般都在早春采集土样，若是研究作物生长期中土壤养分的供应变化情况，就必须根据作物的不同生长期，分期采集土壤样品，总之，采样必须注意时间因素，同一个季节时间内，采得土壤分析结果才能相互进行比较。

2. 特殊样品的采集

寻找作物生长失常的原因，有的是营养元素或微量元素的不足，有的是某种元素的过剩而产生中毒或造成生理机能的失调，有的是土壤过酸或过碱，或某些有毒物质如还原性的 S、H_2S、低铁等过多的存在，还有当其土壤水分过多，也会引作物的受害；由于这些局部受害的现象，在采样时，就得注意它的典型性。

当其一整块土壤都受害时，要了解有害物质在土壤中的含量，也得进行混合样品的采集。可见，采样方法是根据我们的目的要求来确定的。在进行典型样品的分析工作中，一般也要和正常样品进行对照分析。在寻求作物生长与土壤关系时，在采集植株的同时，也要采集它的根际土壤同时进行分析。

3. 剖面样品的采集

研究土壤的基本理化性能、土壤的分类、土壤的生存发育，必须按土壤的发生层次取样，它是根据地形部位、成土母质、植被类型和土类来确定取样点，挖掘剖面(一般深为 1~2 m)，再根据土壤剖面的颜色、土壤结构、质地、松紧度、湿度、植物根系的分布情况等划分层次，然后自下而上采集各发生层次中部位置的土壤。

4. 物理性质样品的采集

了解土壤的某些物理性质如土壤容重、孔隙等，需用特制的取土器(如钢环刀)，采集能保持原田间自然状况的土体来进行分析测定。

5. 盐分动态样品的采集

盐分在土壤中的变化，以垂直方向(上下变化)更为明显，不仅要了解土壤中盐分的多少，而且还要了解盐分的分布和变化情况。因此，我们不是按发生层次采样，而是自地表每 10 cm 或 20 cm 采集样品。

6. 根际与非根际土壤采样

根际是指受植物根系活动的影响，在物理、化学和生物学性质上不同于土体的那部分微域土区。根际土壤是指受植物根系直接影响的那部分微域土壤。根际土壤环境在土壤体系中较为独特，它与本体土壤(非根际土壤)在物理、化学及生物性质方面有较大的差异。在土壤学、植物营养学等研究中经常需要采集根际土壤。根际土壤采集方法有抖落法、根箱法、根垫法等多种，其中最常用的为抖落法和根箱法。

(1)抖落法

抖落取样法又可以根据对试验要求、根际土壤范围要求不同分为精细取土和粗略取土两种。

精细取土法选择好林地，在林地中选择好须根系植物，先铲去落叶层，用土壤刀从植物基部开始逐段逐层挖去上层覆土，沿侧根找到须根部分，剪下分枝，轻轻抖动，落下的土壤为非根际土，仍黏在根上的土是根际土，用毛刷收集。抖落法分辨率较低，养分状况难以保持原位，人为因素大，但取样简单易操作，不需要较多处理，仪器要求不高，是田间采集土样的主要方法。粗略取土法应用于对根际范围要求不高的情况，将根系上附着的土抖落下来作为根际土，离根系较远的土壤定为非根际土，盆栽实验中经常用这种方法。

(2)根际箱法

利用厚度 1~2 mm 的塑料框和孔径小于 25 μm 的尼龙网制作，将根系及离根不同距离的土层用塑料框和尼龙网隔开。利用塑料框厚度控制土层厚度，分割土壤微区。尼龙网防止根系透过，而水分、养分能在各层间运移。中间层两侧各放置几个固定有尼龙网的微区框，中间层用来播种植株，中间层厚度有限，根系很快长满并附在中间层外尼龙网上，可认定为距根面不同距离的土层。测定时小心拆掉根际箱中各层塑料框，左右两侧距中间层相同距离的土样混合，作为一个样品进行分析。该法所用器材较简单，获得的不同距离的土样可靠，易获得大量根际土壤，有利于多项目测定。适宜大豆、豌豆、甜椒等当年生植物，多年生木本植物如苹果砧木幼苗的应用，多作为室内模拟培养，但大树很难采用该法。

第五节　土壤样品的制备与保存

一、目的和意义

从田间取回的土壤样品，进行风干、磨细、过筛、混匀、装瓶等过程后，即成为分析测定样品。处理样品的目的：

①挑选出非土壤部分，使样品能代表土壤真正的组成部分；

②磨细混匀，使称取少量样品，也有较高的代表性，以减少称样误差；

③将土粒磨细，增大表面积，使测定成分便于溶解、浸提；

④使样品能较长期保存，不致受微生物的作用而变质；

⑤便于工作使用。

二、样本制备步骤

(一)风干

除了某些项目(例如硝态氮、铵态氮、亚铁、还原性硫等)需要新鲜样品测定外，一般项目都用风干样品进行分析。样品的风干，可在通风橱中进行，也可摊在木板或白纸、塑料布上，放在晾土架上风干。在土样半干时，须将大块土壤压碎，以免完全干后，结成硬块，难以打碎磨细，风室内要求干燥通风严防 SO_2、NH_3、H_2S 等各种酸、碱蒸气和灰尘等其他东西的侵蚀和污染。

(二)磨细、过筛和保存

样品风干后，再次挑选出非土壤部分如动植物残体(根、茎、叶虫体)和石块、结核(石灰、铁、锰)，然后在木盘或硬橡胶板上压碎、磨细(不能用铁棒及矿物粉碎机磨细，以防压碎石块或样品玷污铁质)使之全部通过 2 mm 孔径的筛子，均匀后分成两份，一份用作机械分析和水溶性盐的测定，另一份再度进行磨细，使之全部通过 1 mm 的筛子，用作其他项目的化学分析(近年来，由于很多分析项目采用半微量法，称样减少，则要求样品的细度增加，采用 0.5 mm 的土粒进地分析)。

在进行土壤全量分析，测定 Si、Al、Fe 和有机质，全氮、全磷、全钾时，样品又应研得很细，便于处理样品，分解完全，这时将全部 1 mm 化学分析样品倒出，铺平成薄层，划成许多小方格用角匙在每一小方格中取出大致相等的一定量样品，共 20 g 左右，再度磨细，并全部通过 100 号筛(0.149 mm 筛孔)的筛子。在测定 Si、Al、Fe 时，样品应放在玛瑙乳钵中研细，以免瓷乳钵影响 Si 的测定。

最后将以上磨细、过筛、混匀的土样，分别装入磨口塞的广口瓶中，写好标签(一式两张)，一张同土样装入瓶中，另一张贴于瓶壁；标签上注明田块号(或样号)，土壤名称，采取地点，采样深度，日期和采样人和孔径(或筛号)等。然后将样品保存在样品架或橱柜中，应避免日光、高温、潮湿和酸碱气体的影响。

第六节　土壤调查

一、目的和意义

目的：①通过实习掌握土壤调查的方法以及野外工作步骤；②根据调查的结果分析土壤形成的有利和不利因素，提出改良利用的具体措施。

意义：通过土壤地理学和土壤与土地资源调查实习，能很好地把理论与实践问题结合，并开阔视野、拓展知识，同时锻炼我们的独立工作和分析解决问题的能力，培养不怕吃苦、艰苦奋斗、团结互助的精神。

二、实习内容

(1)分析研究成土因素，熟悉工作底图，划分地貌单元并设置概查的工作路线。

(2)集体概查。

(3)详查练习：定点标图、剖面挖掘、描述取土、罗盘及洛阳铲的使用等。

(4)总结概查情况及土壤分布规律，拟定初步的土壤分类系统，确定技术操作规程。

(5)详查准备：设置剖面点并制订详查的工作计划。

(6)详查。

(7)详查资料的审查整理。

(8)评土比土并拼图。

(9)补充调查。

(10)清绘土壤分布图。

三、实习步骤

(一)概查

概查前，根据地形图及有关资料设置土壤剖面及工作路线，明确概查需要完成的五项任务。具体如下：

①了解掌握测区的自然特点和农业生产情况；

②了解测区的主要土壤类型及分布规律并拟定出初步的工作分类系统；

③为详查作准备，制订详查的工作计划和技术操作规程；

④检查工作底图的实用性；

⑤如果使用遥感影像作为底图建立影像判误标志。

(二)详查

主剖面定点上图，地表描述，剖面观察描述，检查剖面及洛阳铲的使用，定界剖面及土壤边界的绘制。

详查过程中土样采集标签的书写。

(1)土盒的采集：每一个土壤类型要采集一个土盒，原状要装满，并按顺序装，最后贴好标签。标签包括：剖面代号、土壤类型代号、土层深度、采集者、采集日期。

(2)分类系统：土类—亚类—土属—土种

土类—亚类—土属—土种上图代号：

①土类：潮土Ⅰ、褐土Ⅱ、冲积土Ⅲ。

②亚类：潮土亚类1、典型褐土1、碳酸盐褐土2、潮褐土3、褐土性土4。

③土属：中酸盐残坡积物(花岗岩、花岗片麻岩)1，碳酸盐残坡积物2，砂页岩、千枚岩、板岩等3，老黄土4，新黄土5，洪冲积物6。

④土种

A自然土壤(上部表示表土质地/土地厚度)

表土质地：砂土(1)、砂壤(2)、轻壤(3)、中壤(4)、重壤或黏土(5)。

土层厚度：<30cm 1、30~60cm 2、>60cm 3。

B耕作土壤(表土质地/土体构型)

表土质地：砂土1、砂壤2、轻壤3、中壤4、重壤或黏土5。

土体构型：夹砂层、砾石层1，腰砂层、砾石层2，体砂层、砾石层3，底砂层、砾石层4，夹黏5，腰黏6，体黏7，底黏8。

(三)评土比土并拼图

(四)绘制土壤分布图，完成土壤调查表(表3-6)及编写实验报告。

表3-6 土壤调查表

剖面代号	位置	土类	亚类	土属	土壤类型代号	命名

参考文献

胡慧蓉，田昆，2012. 土壤学实验指导教程[M]. 北京：中国林业出版社.

全国农业技术推广服务中心，2014. 土壤分析技术规范[M]. 2版. 北京：中国农业出版社.

姜佰文，戴建军，2013. 土壤肥料学实验[M]. 北京：北京大学出版社.

迟春明，卜东升，张翠丽，2016. 土壤学实验与实习指导[M]. 成都：西南交通大学出版社.

鲁如坤，2000. 土壤农业化学分析方法[M]. 北京：中国农业科技出版社.

永欢，陈洪斌，王丽，等，2008. Mehlich3方法与常规方法测定土壤养分相关性初步研究[J]. 土壤通报，39(04)：917-920.

张守仕，谢克英，乔宝营，等，2015. 果树根际土壤取样分析技术研究[J]. 落叶果树，47(6)：25-27.

Qing-xia Dai, Noriharu Ae, Takeshi Suzuki, Mani Rajkumar, Shoko Fukunaga and Nobuhide Fujitake, 2011. Assessment of potentially reactive pools of aluminum in Andisols using a five-step sequential extraction procedure[J]. Soil Science and Plant Nutrition, 57(4)：500-507.

国家林业局，2015. 森林土壤氮的测定：LY/T 1228—2015[S]. 北京：中国标准出版社.

国家林业局，2015. 森林土壤磷的测定：LY/T 1232—2015[S]. 北京：中国标准出版社.

国家林业局，2015. 森林土壤钾的测定：LY/T 1234—2015[S]. 北京：中国标准出版社.

国家林业局，1999. 森林土壤矿质全量元素(铁、铝、钛、锰、钙、镁、磷)烧失量的测定：LY/T 1253—1999[S]. 北京：中国标准出版社.

国家林业局，2019. 森林土壤铜、锌、铁、锰全量的测定　电感耦合等离子体发射光谱法：LY/T 3129—2019[S]. 北京：中国标准出版社.

附　录

附表 1　标准筛孔对照表

筛号(目)	筛孔直径(mm)	筛号(目)	筛孔直径(mm)
2.5	8.00	35	0.50
3	6.72	40	0.42
3.5	5.66	45	0.35
4	4.76	50	0.30
5	4.00	60	0.25
6	3.36	70	0.21
7	2.83	80	0.177
8	2.38	100	0.149
10	2.00	120	0.125
12	1.68	140	0.105
14	1.41	170	0.088
16	1.18	200	0.074
18	1.00	230	0.062
20	0.84	270	0.053
25	0.71	325	0.044
30	0.59		

附表 2 农用地土壤污染风险筛选值及分析方法

单位：mg/kg

序号	污染物项目①②		风险筛选值			
			pH≤5.5	5.5<pH≤6.5	6.5<pH≤7.5	pH>7.5
1	镉	水田	0.3	0.4	0.6	0.8
		其他	0.3	0.3	0.3	0.6
2	汞	水田	0.5	0.5	0.6	1.0
		其他	1.3	1.8	2.4	3.4
3	砷	水田	30	30	25	20
		其他	40	40	30	25
4	铅	水田	80	100	140	240
		其他	70	90	120	170
5	铬	水田	250	250	300	350
		其他	150	150	200	250
6	铜	果园	150	150	200	200
		其他	50	50	100	100
7	镍		60	70	100	190
8	锌		200	200	250	300

注：①重金属和类金属砷均按元素总量计。

②对于水旱轮作地，采用其中较严格的风险筛选值。

摘自《土壤质量 农用地土壤污染风险管控标准》(GB 15168—2018)。

附表 3 土壤污染物分析方法

序号	污染物项目	分析方法	标准编号
1	镉	土壤质量 铅、镉的测定 石墨炉原子吸收分光光度法	GB/T 17141—1997
2	汞	土壤和沉积物汞、砷、硒、铋、锑的测定 微波消解/原子荧光法	HJ 680—2013
		土壤质量 总汞、总砷、总铅的测定 原子荧光法 第 1 部分：土壤中总汞的测定	GB/T 22105. 1—2008
		土壤质量 总汞的测定 冷原子吸收分光光度法	GB/T 17136—1997
		土壤和沉积物 总汞的测定 催化热解—冷原子吸收分光光度法	HJ 923—2017
3	砷	土壤和沉积物 12 种金属元素的测定 王水提取—电感耦合等离子体质谱法	HJ 803—2016
		土壤和沉积物 汞、砷、硒、铋、锑的测定 微波消解/原子荧光法	HJ 680—2013
		土壤质量 总汞、总砷、总铅的测定 原子荧光法 第 2 部分：土壤中总砷的测定	GB/T 22105. 1—2008
4	铅	土壤质量 铅、镉的测定 石墨炉原子吸收分光光度法	GB/T 17141—1997
		土壤和沉积物 无机元素的测定 波长色散 X 射线荧光光谱法	HJ 780—2015
5	铬	土壤和沉积物 铜、铅、锌、镍、铬的测定 火焰原子吸收分光光度法	HJ 491—2019
		土壤和沉积物 无机元素的测定 波长色散 X 射线荧光光谱法	HJ 780—2015
6	铜	土壤质量 铜、锌的测定 火焰原子吸收分光光度法	GB/T 17138—1997
		土壤和沉积物 无机元素的测定 波长色散 X 射线荧光光谱法	HJ 780—2015
7	镍	土壤质量 镍的测定 火焰原子吸收分光光度法	GB/T 17139—1997
		土壤和沉积物 无机元素的测定 波长色散 X 射线荧光光谱法	HJ 780—2015
8	锌	土壤质量 铜、锌的测定 火焰原子吸收分光光度法	GB/T 17138—1997
		土壤和沉积物 无机元素的测定 波长色散 X 射线荧光光谱法	HJ 780—2015
9	六六六总量	土壤和沉积物 有机氯农药的测定 气相色谱—质谱法	HJ 835—2017
		土壤和沉积物 有机氯农药的测定 气相色谱法	HJ 921—2017
		土壤质量 六六六和滴滴涕的测定 气相色谱法	GB/T 14550—2003
10	滴滴涕总量	土壤和沉积物 有机氯农药的测定 气相色谱质谱法	HJ 835—2017
		土壤和沉积物 有机氯农药的测定 气相色谱法	HJ 921—2017
		土壤质量 六六六和滴滴涕的测定 气相色谱法	GB/T 14550—2003
11	苯并[a]芘	土壤和沉积物 多环芳烃的测定 气相色谱—质谱法	HJ 805—2016
		土壤和沉积物 多环芳烃的测定 高效液相色谱法	HJ 784—2016
		土壤和沉积物 半挥发性有机物的测定 气相色谱—质谱	HJ 834—2017
12	pH	土壤 pH 值的测定 电位法	–

摘自《土壤质量 农用地土壤污染风险管控标准》(GB 15168—2018)。

附表 4　绿色食品产地土壤质量要求

项目	旱田			水田			检测方法
	pH<6.5	6.5≤pH≤7.5	pH>7.5	pH<6.5	6.5≤pH≤7.5	pH>7.5	NY/T 1377—2007
总镉，mg/kg	≤0.30	≤0.30	≤0.40	≤0.30	≤0.30	≤0.40	GB/T 17141—1997
总汞，mg/kg	≤0.25	≤0.30	≤0.35	≤0.30	≤0.40	≤0.40	GB/T 22105.1—2008
总砷，mg/kg	≤25	≤20	≤20	≤20	≤20	≤15	GB/T 22105.2—2008
总铅，mg/kg	≤50	≤50	≤50	≤50	≤50	≤50	GB/T 17141—1997
总铬，mg/kg	≤120	≤120	≤120	≤120	≤120	≤120	HJ 491—2019
总铜，mg/kg	≤50	≤60	≤60	≤50	≤60	≤60	GB/T 17138—1997
注 1：果园土壤中铜限量值为旱田中铜限量值的 2 倍。 注 2：水旱轮作的标准值取严不取宽。 注 3：底泥按照水田标准执行。							

注：摘自《绿色食品产地环境质量》(NY/T 391—2013)。

附表 5　绿色食品产地土壤肥力分级指标

项目	级别	旱地	水田	菜地	园地	牧地	检测方法
有机质，g/kg	Ⅰ Ⅱ Ⅲ	>15 10~15 <10	>25 20~25 <20	>30 20~30 <20	>20 15~20 <15	>20 15~20 <15	NY/T 1121.6—2006
全氮，g/kg	Ⅰ Ⅱ Ⅲ	>1.0 0.8~1.0 <0.8	>1.2 1.0~1.2 <1.0	>1.2 1.0~1.2 <1.0	>1.0 0.8~1.0 <0.8	— — —	NY/T 53—1987
有效磷，g/kg	Ⅰ Ⅱ Ⅲ	>10 5~10 <5	>15 10~15 <10	>40 20~40 <20	>10 5~10 <5	>10 5~10 <5	LY/T 1232—2015
速效钾，g/kg	Ⅰ Ⅱ Ⅲ	>120 80~120 <80	>100 50~100 <50	>150 100~150 <100	>100 50~100 <50	— — —	LY/T 1234—2015
阳离子交换量，cmol(+)/kg	Ⅰ Ⅱ Ⅲ	>20 15~20 <15	>20 15~20 <15	>20 15~20 <15	>20 15~20 <15	— — —	LY/T 1243—1999

摘自《绿色食品产地环境质量》(NY/T391—2013)；底泥、食用菌栽培基质不做土壤肥力检测。

附表6 常用洗液的配制与适用范围

名 称	化学成分及配置方法	适用范围	说 明
铬酸洗液	$K_2Cr_2O_7$ 5～10 g 溶于少量热水中，冷却后徐徐加入浓硫酸100 mL，搅动，得暗红色洗液，冷后注入干燥试剂瓶中盖严备用	有很强的氧化性，能浸洗去除绝大多数污物	可反复使用，呈墨绿色时，说明洗液已失效。成本较高，有腐蚀性和毒性，使用时不要接触皮肤及衣物。用洗刷法或其他简单方法能洗去的不用此法
碱性高锰酸钾洗液	$KMnO_4$ 4 g溶于少量水后，加入10%的 NaOH 溶液 100 mL 混匀后装瓶备用。洗液呈紫红色	有强碱性和氧化性，能浸洗去各种油污	后若仪器壁上面有褐色二氧化锰，可用盐酸或稀硫酸或亚硫酸钠溶液洗去。可反复使用，直至碱性及紫色消失为止
磷酸钠洗液	Na_3PO_4 57 g 和 $C_{17}H_{33}COONa$ 28.5 g溶于 470 mL 水	洗涤碳的残留物	将待洗物在洗液中泡若干分钟后涮洗
硝酸-过氧化氢洗液	15%～20%硝酸和5%过氧化氢混合	浸洗特别顽固的化学污物	贮于棕色瓶中，现用现配，久存易分解
强碱	5%～10%的 NaOH 溶液（或 Na_2CO_3、Na_2PO_4 溶液）	常用以浸洗普通油污	通常需要用热的溶液
洗液	浓 NaOH 溶液	黑色焦油、硫可用加热的浓碱液洗去	
强酸	稀硝酸	用以浸洗铜镜、银镜等	洗银镜后的废液可回收 $AgNO_3$
溶液	稀盐酸	浸洗除去铁锈、二氧化锰、碳酸钙等	
	稀硫酸	浸除铁锈、二氧化锰等	
有机溶剂	苯、二甲苯、丙酮等	用于浸除小件异形仪器，如活栓孔、吸管及滴定管的尖端等	成本高，一般不要使用

附表 7 实验室紧急情况自救

伤害种类			急救措施
灼伤	火灼	一度烫伤(发红)	把棉花用酒精浸湿，盖于伤处或用麻油浸过的纱布盖敷
		二度烫伤(起泡)	用上述处理也可以，或用 30~50 g/L 高锰酸钾或 50 g/L 现制丹宁溶液如上法处理
		三度烫伤	用消毒棉包扎，请医生诊治
	酸灼	酸溅洒在皮肤或衣服上	用大量水冲洗，然后用 50 g/L 碳酸氢钠洗伤处(或用 1∶9 氢氧化钠洗之)
		氢氟酸灼伤皮肤	用水洗伤口处至苍白，用新配制的 20 g/L 氧化镁甘油悬液涂抹患处
		眼睛酸伤	先用水冲洗，然后再用 30 g/L 碳酸氢钠清洗眼部，严重者请医生诊治
	碱灼	强碱溅洒在皮肤或衣服上	用大量水冲洗，然后用 20 g/L 硼酸或 20 g/L 醋酸清洗
		眼睛碱伤	先用水冲洗，然后用 20 g/L 硼酸清洗，严重者请医生诊治
创伤	伤口不大，出血不多		可用 3%双氧水将伤口周围擦净，涂上红汞或碘酒，必要时撒一些磺胺消炎粉
	伤口严重		先涂上紫药水，然后撒上消炎粉，用纱布按压伤口，立即就医诊治
中毒	一氧化碳、乙炔、稀氨及灯用煤气中毒		将中毒者移至空气新鲜流通处(勿使身体着凉)进行人工呼吸、输氧或氧与二氧化碳混合气
	生物碱中毒		用活性炭水灼液灌入，使中毒者呕吐
	汞化物中毒(误入口)		吃生鸡蛋或牛奶(1 L)使中毒者呕吐
	苯中毒(误入口)		服腹泻剂，使中毒者呕吐，严重时需对误食者进行人工呼吸，输氧就医诊治
	苯酚(石炭酸)中毒		大量饮水、石灰水或石灰粉水，使中毒者呕吐
	NH_3 中毒(误入口)		饮用含醋或柠檬汁的水，或植物油、牛奶、蛋白质引起呕吐
	酸中毒		饮苏打水和水，服用氧化镁，使中毒者呕吐
	氟化物中毒		饮 20 g/L 氯化钙，使中毒者呕吐
	氰化物中毒		饮浆糊、蛋白、牛奶等，使中毒者呕吐
	高锰酸钾中毒		饮浆糊、蛋白、牛奶等，使中毒者呕吐
失火	电火		应先切断电源，用二氧化碳或四氯化碳等灭火
	油或其他可燃液体着火		用二氧化碳、四氯化碳、沙或浸湿的衣服等进行灭火
触电			不能直接用手拖拉。离电源近的，应尽快切断电源；如果离电源远，应用木棒把触电者拔离电源，然后将其放在阴凉处，进行人工呼吸、输氧